中学生心理

日记点评

肖 军 编著

原生态的中学生困惑与情感记录！
独特的中学生心理解码角度！
面向中学生及家长的心理健康自助手册！

科学普及出版社
·北京·

图书在版编目(CIP)数据

中学生心理日记点评/肖军编著.—北京:科学普及出版社,2009
ISBN 978 - 7 - 110 - 07002 - 4

Ⅰ.中... Ⅱ.肖... Ⅲ.中学生—教育心理学 Ⅳ.G444

中国版本图书馆 CIP 数据核字(2009)第 039813 号

本社图书贴有防伪标志,未贴为盗版

作 者	肖 军
插 图	同同卡通

策划编辑	肖 叶
责任编辑	金 蓉
封面设计	阳 光
责任校对	王勤杰
责任印制	安利平
法律顾问	宋润君

科学普及出版社出版
北京市海淀区中关村南大街 16 号 邮政编码:100081
电话:010 - 62103210 传真:010 - 62183872
http://www.kjpbooks.com.cn
科学普及出版社发行部发行
北京国防印刷厂印刷
*
开本:720 毫米×1000 毫米 1/16 印张:17.25 字数:300 千字
2009 年 5 月第 1 版 2010 年 1 月第 2 次印刷
ISBN 978 - 7 - 110 - 07002 - 4/G·3110
印数:5001—10000 册 定价:29.90 元

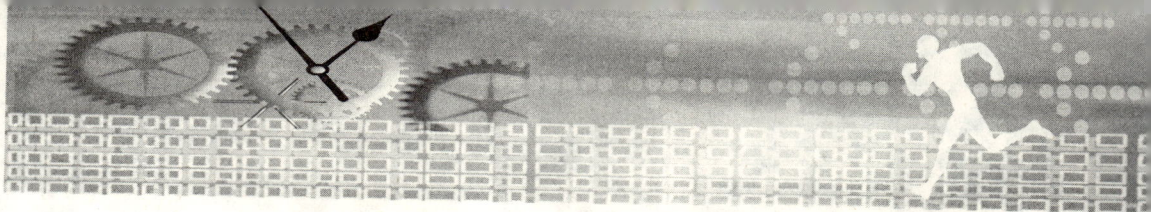

中学生心理
日记点评

原生态的中学生困惑与情感记录！
独特的中学生心理解码角度！
面向中学生及家长的心理健康自助手册！

内容介绍

本书涵盖了亲子关系、师生关系、同学关系、自我成长、学习与考试、青春期性心理、理性思维与心理常识八大课题。透过心理学与人文精神相结合的角度，我们可以清楚地看到一道中学生与家长、老师沟通的彩虹。而彩虹上的每个家长和老师都将成为中学生心灵麦田的守望者！

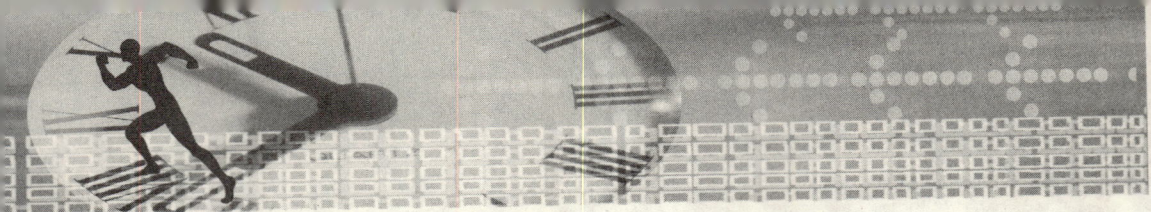

作者简介

肖军：中学高级心理教师、二级心理咨询师，新浪网女性频道特约咨询师，北京大学心理咨询在职硕士研究生。湖北省科普作家协会会员。多家国家级刊物特约撰稿人。2007年被卫生部《中国学生健康报》评为"影响本报的重要人物"。华夏心理网咨询论坛婚恋性心理资深版主。长期致力于学生、亲子及婚恋咨询，并形成了自己独特的咨询风格。

前　言

爱是一种能力。而这种能力的形成在整个中学阶段是关键中的关键。用日记去表现爱，用日记点评去赋予爱以理性的色彩，让爱沿着正确的轨道运行，是我尝试心理日记点评的初衷。这么多年过去了，回顾走过的路，虽然充满艰辛，然而更让我欣喜。特别是在整理过去的一些日记点评的过程中，我分明又一次感受到了那一颗颗鲜活跳动的心。

在长期致力于中学生心理日记点评的探索中，我总结了一套符合中学生心理特点的点评方式，受到了学生们的欢迎和好评。后来，应卫生部《中国学生健康报》之约，我陆陆续续将那些有代表性的日记点评在"倾诉小屋"栏目上公开发表，并收到了一些中学生读者的来信鼓励。因为我的每一篇心理日记点评，不仅要体现真实性、代表性、典型性，同时还要能够从中体现一定的心理学原理、心理学精神，以达到在解决心理问题和解释心理现象的过程中向同学们普及心理学常识的目的。这样的尝试是辛苦的，因为筛选日记的过程是一个大浪淘沙的过程，点评日记的过程更是殚精竭虑的过程，但同时也让我感到了一种神圣的职责：面对中学生朋友们如此多的心理误区，我不能无动于衷。也许我一个人的力量还不足以达到正本清源之目的，但努力的人多了，力量就强大了。

套用改革开放的总设计师的一句话：普及心理学知识要从娃娃抓起！

现选取其中有代表性的日记点评结集出版，其意义就在于此。

原生态地记录中学生的生活，是本书最大的特点。心理日记的写作并不同于一般的日记写作，它讲究丰厚的叙述，不一定要直指主题——直指求助主题的是心理求助。当然，在本书的日记中也会包含一些心理求助的内容，但它不是心理日记的本质。

因此，心理日记的点评也不同于一般的排忧解难和心理问题的解答、心理疾病的诊断，尽管里面也涉及一些排忧解难式的答复与心理障碍、心理疾病的诊断原则。心理日记的点评讲究人文性和科学性的结合，并追求在一般事例的基础上给青少年朋友以普遍的启示意义，从而提升青少年的人文素养和科学精神。

心理日记点评也不是学生心理咨询，虽然在点评中不可避免地运用了一些心理咨询的原理，也会在适当的情况下给出一些建议。这些点评，主要从心理分析的角度、从人文关怀的角度引导学生正确地面对挫折痛苦和困惑，其目的不过是提供一种角度、一种思路，却并不提供真理。而只有从多种角度出发，在不断转换思路的过程中，用自己独特的方式去关注现实，才能发现真理的蛛丝马迹，才能找到适合自己的解决之道。

这里，首先要感谢的是《中国学生健康报》心理版的几位编辑老师：她们是最早策划"倾诉小屋"的编辑杨秀老师，以及后来为心理日记点评付出了许多心血的王燕萍老师和孟欣玫老师。正是他们的支持和鼓励，让我一路走来，没有寂寞，只有感激。

同时要感谢的是许多的心理教师和语文教师们，没有他们的支持，我很难收集到这么多原始材料。我更要感谢的是我的学生。我是在帮助他们的过程中成长起来的。另外，要说明的是：因为心理日记中存在一定的隐私，本着保密的原则，我对日记作者或使用化名，或直接隐去了作者姓名。

本书所精选的 128 篇心理日记点评均属本人原创，其中的大部分心理日记点评已在《中国学生健康报》、《中国中学生报》、《心理医生》等杂志发表，受到了读者好评。

最后，希望更多的老师和同学能加入到心理日记点评的事业中来。老师可以给学生做点评，而学生又何尝不可给学生做点评呢？如果有一天，能看到一本学生写的心理日记点评，我想，我们的中小学心理健康教育就一定是到了最辉煌的时候了。欢迎对中学生心理日记点评感兴趣的朋友莅临"百度贴吧 > 中学生心理日记吧"参与互动交流！

由于本人能力有限，难免会有所疏漏。在此热切地盼望着全国的专家、学者、老师朋友、学生朋友对我的这本书提出宝贵的意见。

肖 军

2009 年 3 月

目 录

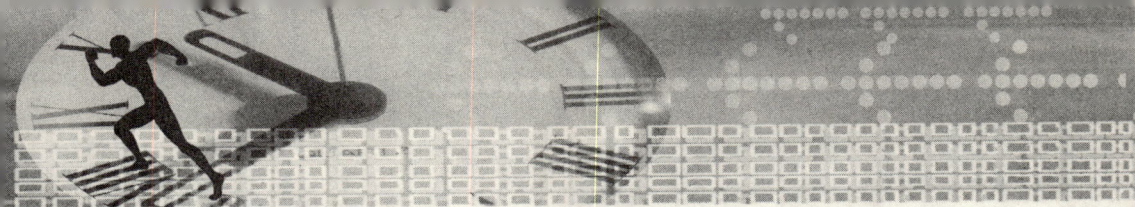

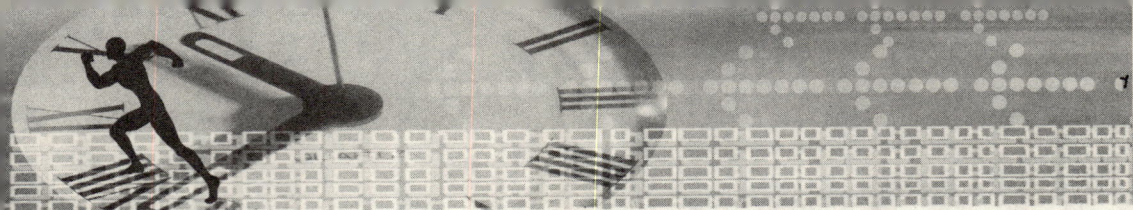

第一章
亲子关系篇

1．本篇寄语：孩子的"谎言"

　　一位学生家长给我打来电话，话语中充满了惶恐和急切："肖老师，我的女儿说她不想活了。我不知道她说的是真话还是假话。几次和她谈心，可她就是不理睬。真是急死我了。肖老师，我该怎么和孩子沟通啊？""您是不是在和孩子沟通时总觉得孩子不说真话？""是的是的！""那您今后在和孩子沟通时，别再指望孩子说真话不就行了吗？""啊！那岂不是纵容孩子说假话？"家长有些生气了。"那我们还是安排时间面谈吧！"

　　通过与这位家长面谈发现，孩子说"不想活"，其实是她在对父母某些做法表示不满。而家长意识不到这一点，不断地去纠缠这句话的真假，掩盖了问题的实质。

　　大多数家长都认识到了和孩子沟通的重要性，并且经常和孩子交流谈心，渴望着进入孩子的内心世界。然而很不幸的是，许多孩子并不理解家长的苦心。他们将最知心的话告诉自己的同学、朋友乃至网友，就是不告诉自己的父母。

　　那一定是我们对沟通存在一定的认知误区：我们太相信我们所听到的了。

　　其实，听到的往往没有看到的有价值，而看到的又没有用心灵体会到的有价值。如果只是用耳朵去听孩子的话，而不能同时用眼睛去看孩子的表现，或者不能用心去体会孩子的情感，那听到的就失去了价值。在这中间，实际上贯穿了一个相当重要的能力，就是"共情"。很多孩子不愿意将心里话告诉家长，究其根本原因就是家长严重缺乏共情能力所致。

　　其实，孩子的每句话中都会隐藏着没说出来的话。不要指望孩子告诉你他的全部的真实想法，因为有一些真实的东西、真实的想法，孩子自己都不清楚。

　　其实，真正让家长了解孩子内心的就是孩子的某些"假话"——孩子说的"假话"

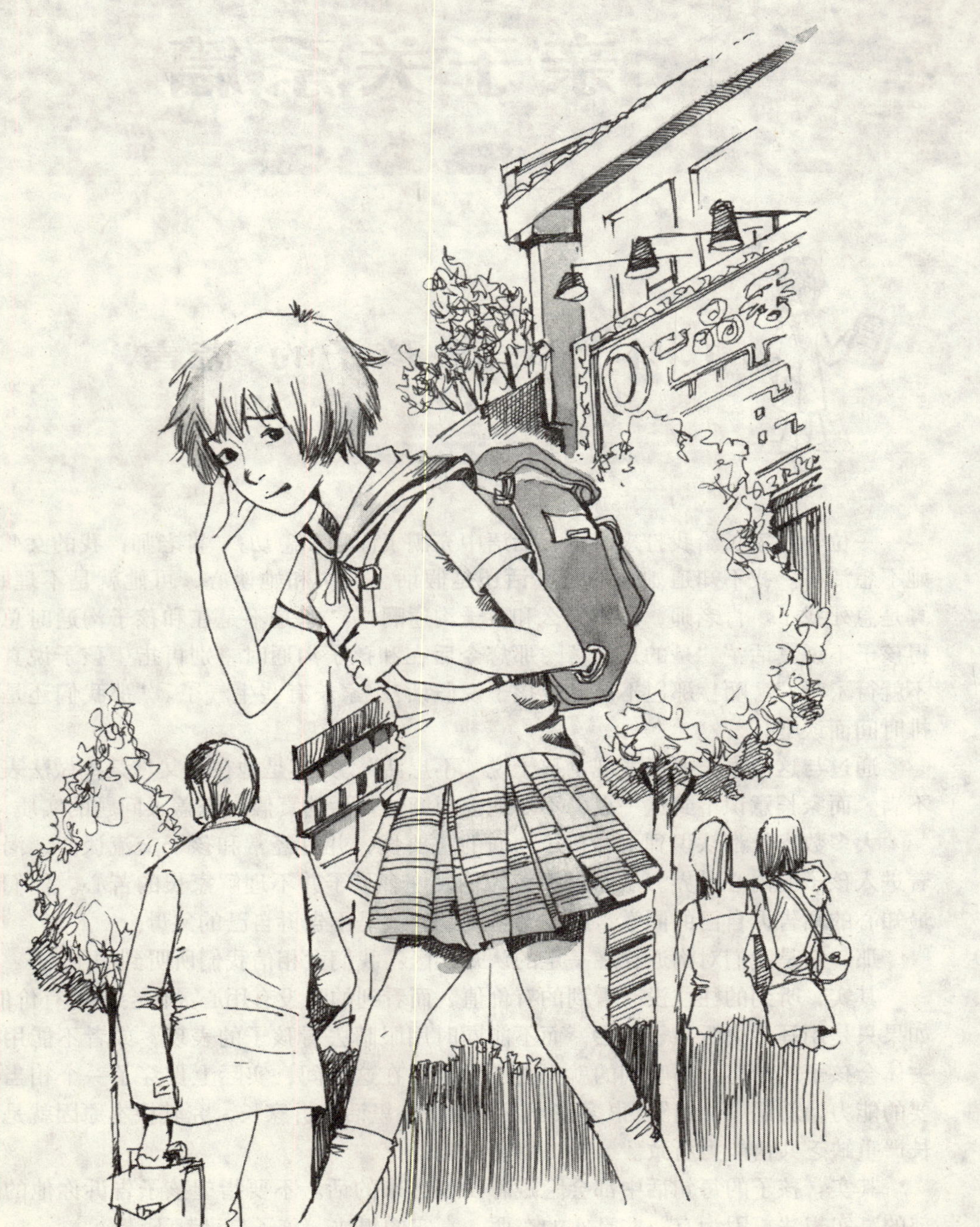

背后就是孩子最真实的内心世界！只是这里的"假话"并不涉及道德伦理上的意义，而主要是代表一种心理学上的含义。

和孩子沟通别指望孩子说真话。这并不是说，让我们不要相信孩子，而是要我们多去感受孩子的心情，多去思考孩子语言的"潜台词"。这样，我们就会逐步地加深对孩子的理解，从而实现真正的亲子沟通。这样，当我们在亲子沟通中暂时不能达到预定的沟通目标的时候，也会有一个理性的认识与平和的心态，为下一次更好地沟通做好更坚实的铺垫。

而有时不得不违心说谎的孩子们也应该意识到：偶尔说些不违背道德的谎言似乎算不了什么，但如果成为习惯之后就会对自己的人格成长造成不利的影响，是需要主动去克服的。

2．15 岁的我为什么控制不了离家出走的脚步

2007 年 9 月 27 日　星期四

天气：晴

当下心情：痛苦

心情指数：★★★★★

心情故事：

我是一个 15 岁的女孩，生活在一个幸福的家庭里，可是我对这个家庭好像很不满足，总是一而再再而三地出走，弄得家人对我一点信任都没有了。

我总是在离家出走的第一天就后悔了。可是我并没有及时弥补错误，而是继续错下去。我不敢回家，明明知道回家后爸爸妈妈不会打我，可我还是不回家，总觉得家里好闷，闷得让我喘不过气来。每当我回家后，爸爸妈妈什么都不说，只是跟我谈心。可是我讨厌他们跟我谈心，因为他们将要跟我说什么我都知道。可是他们还是要再说一次，而我根本一句话都听不进去。我在心里说：我再也不离家出走了！可是，没过几天，我又控制不了，一个人走了……刚走就后悔……

我这是怎么了？

（小雨）

心理点啦

做父母的，跟子女相处的关系问题，本质上就是父母的角色扮演问题。针对不同年龄、不同性别的孩子，父母要能随情况变化而扮演不同的角色。一般来说，对婴儿，父母要扮演好"抚养者"的角色；对儿童要扮演好"管教者"的角色；对青少年，父母则要扮演好"教养者"的角色。在"教养"阶段，对事物的是非，已经不能单由父母来灌输了，而是要经过说明解释让青少年自己去了解、体会、选择和采纳。而不是一味保护、管理，从而使青少年失去了自己去尝试、去体验、去犯错的权利。"您告诉我的道理只是对您有价值。只有我自己体验到的道理才会真正对我有价值！"假如对15岁的已经进入第二反抗期的少年还像以前一样地扮演"抚养者"和"管教者"的角色，用大道理教育孩子，不管付出了多少心血，孩子只会感到痛苦和压抑。

日记中的"我"多次出走的行为，其实是在提醒着家长，要及时改变教育方式了。不要过于关注孩子，要放手让孩子多参加社会活动和体育锻炼，才能帮助孩子成长。

作为子女，认清自己多次出走的心理原因之后，完全可以和父母进行沟通，说出自己内心的需求，并提醒父母，自己已经不是以前的儿童了，希望父母适当地转换角色。如果沟通仍不能促使父母的角色转换，则需要寻求心理或教育方面的专业人士的帮助。

3. 避免让孩子接收父母婚姻中的负面信息

心情故事：

我以前是一个活泼开朗的小女孩，但现在我变得忧心忡忡，因为在五年级的时候发生了一件令我难以忘记的事情。

那一天，我从同学家回来，把门打开一看，只见爸爸妈妈在打架。我急忙上前阻拦。可他们并没有停下来。我急了，赶紧跪了下来，哀求他们不要再打了。他们见我哀求他们，也于心不忍，就把我扶起来，然后各自进了一个房间。

上了初中，父母打架的场面慢慢在减少，但是他们吵架的次数又多起来了。而每次吵架的时候，他们都会说要离婚。听到这种话，我的情绪就会非常低落，好像心都碎了。

记得在一个宁静的夜晚，一阵争吵声把我吵醒，那是爸爸妈妈又在吵架了。我把头埋在被子里低声哭泣着。他们的口中说出的每一句话都深深地刺痛着我幼小的心灵，在我的心中埋下了永远的阴影。就这样，我躲在被子里哭了很久。哭着哭着，我不知怎么睡着了。我梦见爸爸妈妈离了婚，妈妈丢下了我，一个人走了。不管我怎么大声地叫，大声地喊，妈妈就是不理我。我终于在绝望和恐惧中醒来，可一醒来，听到的依然是爸爸妈妈的争吵声。

我一生中最大的烦恼就是怕爸爸妈妈离婚。

心理点评

十分理解你的心情，也十分佩服你的坚强和勇敢。但你并不一定理解你的爸爸妈妈。他们说离婚也许只是在发泄一种情绪，并不是真的要离婚。如果真的要离婚，他们不会反复地用嘴去说，他们会实际地去做。而退一万步说，即使你的爸爸妈妈离婚了，你也一定要相信他们，他们会像从前一样地爱你，照顾你，关心你！

同时，也要提醒天下的父母：夫妻吵架是难免的。牙齿和舌头都还打架呢！但最好不要当着孩子的面吵架，更不能当着孩子的面提"离婚"两个字，或者说，不要让孩子收到你们要离婚的信息。这两个在你们看来并没有什么了不起的字，可能会使孩子成天生活在恐惧之中。这种恐惧不仅会对孩子正常的学习和人际交往产生干扰，而且对孩子一生的幸福都会造成影响。有些孩子在长大后对婚姻没有信心，产生"恐婚"的心理，甚至形成一定的心理障碍，大多与接收了父母婚姻中太多的负面信息有关。

4. 真正的安慰是不安慰

2007 年 3 月 14 日　星期三

天气：小雨

当下心情：平静

心情指数：★★

心情故事：

　　爸爸，请你骂骂我的无能。在班里，我的数学和语文这两门课成绩还算可以，但是英语很差，每次考试只能得 80 几分。您总是那样的和蔼，不管我的英语考得多么差，您总是用关心的语气安慰我，从无半点怨言。您对我是那么的好，我却一次一次地让您失望。就拿上次月考来说吧！我说过要赶上去的，可考试成绩还是 80 多分。我知道您的心一定从天堂落到了地狱，只是您没有说出来而已。您不但不说出来，反过来又安慰我，让我别灰心，争取下次考好一点。

我找过自己失败的原因，并制定了相应的计划，可结果都是因为我的毅力不足而以失败告终。有时，我真恨不得打自己两巴掌，可我知道，我要是这样的话，爸爸会更伤心的。爸爸，我向你发誓，我以后一定好好学英语。虽然这样，我还是希望您骂我两句，也许这样我心里会好受一点吧！

爸爸呀！爸爸。

(小胜)

心理点评

首先，我们需要澄清的是，什么是失败？什么是成功？得 100 分就是成功？得 80 多分就是失败？考前几名就是成功？考后几名就是失败？显然，这些标准都是和现代教育理念相违背的。一个刚上初中的学生只要他对英语学习感兴趣，并形成了基本的听、说、读、写的能力（小胜同学每次都能得 80 多分，我觉得他已经完成了基本的学习任务）就是成功。这个班里人人都可以成功，虽然这个班级的第一名永远只有一个！

可能有人马上要说：你说得不错，可是中考高考呢？那可是要排位的！中考高考时，你考了最后一名，你敢说自己成功了吗？的确，这就是现实与理想的差距，也是我们的教育需要改革的地方。不过，孩子在刚接触英语的情况下就将英语学习完全功利化、目的化，以至于让孩子失去了学习英语的兴趣，则是一件很可怕的事情！

在上面的故事当中，与其说是孩子希望得到好的名次，不如说是家长需要用孩子的名次满足自己的心理需求，因为孩子真正需要的是兴趣！

所以，在上面的故事中，真正需要道歉的是孩子的爸爸，而不是孩子。是他将自己并不一定正确的价值观强加在孩子身上，并希望通过孩子得到心理上的满足。当孩子不能满足他的心理需求时，他就一次次地用安慰的话语增加孩子的心理负担。当然，这一切都是一种无意识的过程，做父亲的自己是不知道的。

所以，在有些情况下，父母对孩子真正的安慰是不安慰，即淡化处理。而孩子报答父母最好的方式是让学习成为自己最大的乐趣而不是成为人生最大的负担！

5. 爸爸，我不是不爱喝鸽子汤

2007 年 3 月 8 日　星期四

天气：阴

当下心情：委屈

心情指数：★★★★★

心情故事：

　　我有一个好爸爸，他关心我，爱我，但我有一点不能接受他。甚至我还会讨厌他，恨他。爸爸的脾气实在坏透了。我难道不爱他吗？不是呀！不是的。其实我真的很爱他，只是爸爸的大嗓门动不动就响起来，让我害怕让我难过。我心中有许多委屈却无法向他表达。

　　有时，只要我哪一点做错了，他的嗓门就开始"工作"，让我只能偷偷地哭。其实，有时爸爸也是因为爱我才发脾气的。我很挑食，凡是自己不喜欢吃的东西一律不动，为此，爸爸伤透了脑筋，虽然爸爸的厨艺十分高超。

　　有一次，爸爸煮了一锅鸽子汤，而我却不喜欢吃。爸爸说："喝点汤，对身体有好处。"我不好意思拒绝喝了一口。的确，味道很不错。但由于我讨厌那东西便不再喝了。爸爸又接着叫我吃肉。我说我不吃。爸爸说："我专门为你煮的，怎么可以不吃呢？快吃！"爸爸甚至用了命令的口气。"我不吃！我不想吃！"我肯定地回答，但心中有些害怕。果然，"吃，我是在害你吗？一天到晚只会跟我犟！你今天要是不吃，你信不信我会打你？"爸爸火冒三丈。

　　我强忍着心中的委屈吃了，但我偷偷地哭了，心中太委屈、太难过。

　　爸爸，女儿知道你是为我好，但您也要改改方式啊！爸爸，改改脾气，说不定我今天会快乐地吃下那锅鸽子汤的。

（小纤）

心理点评

"的确，味道很不错。但由于我讨厌那东西便不再喝了。"为什么味道不错却讨厌它呢？可能你真正讨厌的并不是鸽子汤，也不是爸爸的一片亲情，而是讨厌爸爸用专制的方式表达亲情吧？当父母不能用民主的、尊重的方式让青春期的子女自由地表达自己的感受甚至是莫名其妙的情绪的时候，父母与子女之间就形成了一个相对封闭的系统。在这样一个封闭的系统内，子女要争取表达自己情绪的权利和机会，就只有寻找诸如鸽子汤一类的由头。而这些由头有时不仅让父母甚至连子女自己都感到不可理喻。

所以，对小纤同学来说，爸爸改不改脾气并不重要（其实，做女儿的脾气也不小哦！），重要的是要改封闭的家庭系统为开放的家庭系统，要允许女儿表达自己的情绪、渴望、爱、愤怒和沮丧，要抛弃女儿不能对父亲表达不满的家庭潜规则。只有这样，父女之间才可能形成一种良性的情感互动。

这样的事情，在现实生活中十分普遍，只是人们或者是忽视它，或者是简单地将它归因于脾气的问题。认为有的人天生脾气就有问题，天生脾气就不好。

无论是父母还是子女，都要记住，有脾气都不是问题，重要的是要理性地对待脾气，并且各自能够寻找到合理的表达方式。为此，父母要尝试着了解子女，认清孩子脾气背后的心理含义，给予子女适当的表达情绪（特别是一些愤怒、悲伤等负性情绪）的机会，对青春期的孩子多进行情绪疏导；而作为子女，则要理解父母的一片苦心，也要学会考虑到父母的情绪反应，并多对父母的行为给予一些积极的反馈。

这样，我们就会发现：脾气并不是我们的敌人，而是我们的朋友！

附：

《老爸的汤》

"孙雯，喝汤吗？"老爸一手扶门一手把玩空碗。我陷入回忆之中……

中考前，我总是给自己很大压力，心里忐忑不安。"要是考不好怎么办？"成了我的口头禅。每天我的心都踏实不下来，吃不好，睡不香。爸妈嘴上不说，心里真是担心我。

那天，我正埋头"题海"，突听老爸喊："报告！我能进来吗？"这又演的哪出儿戏文啊？我打开门，爸爸右手敬礼，站得笔直，那副样子让我忍俊不禁，我笑岔了气儿。

"报告首长，这是我今天特地为您做的汤，可否赏脸尝一下？"我这才注意到爸爸左手还端着一碗汤呢！嗯？爸爸不是不会做汤吗？老爸看出我的心思，挠挠头说："今天刚学的，现学现卖！尝尝怎么样？"

我接过碗，汤满满的，就像他对我的爱。看到爸爸期待的目光，我立即拿起勺子喝了一口——甜甜的，真的很甜！平时连醋和酱油都分不清的老爸居然为我做汤！爸爸是为了给我补脑力，减压力的，原来父母是那么想帮我啊！

"哎哎哎，孙雯，喝不喝汤呀？"爸爸把我从往事中拉回来。

"当然！那可是你做的汤啊！"

(孙雯《中国中学生报》第 1418 期)

6. 孩子不是父母的裁判员

2007 年 9 月 17 日　星期一

天气： 晴

当下心情： 无奈

心情指数： ★★★★★

心情故事：

我是一个早产儿，而且是剖宫产。我有一个姐姐，她比我大 6 岁，现在上大一。我出生时父母正在吵架，因为我爸爸很花心，在我妈妈生我的时候，他都没去医院看一下。

因为我是剖宫产的早产儿，所以身体很虚弱。别人生小病都没什么，我若一生病，稍有不适就要去医院灌氧气，这从来都是妈妈整夜整夜地陪着我。原来，我的妈妈还有一份工作，但是奶奶说："全家人累，不如一个人累。"就把担子全部压在了我妈妈身上。爸爸极少回家，偶尔回一两次，都是没过多久就要走。我小时候身体很差，所以妈妈从小就让我独立，我也因此有很强的自理能力。我三岁时就开始洗自己的衣服，只不过我洗后妈妈要重洗一遍的。

妈妈整天地累死累活，爸爸却一分钱也不给妈妈，相反还要增加妈妈的心理负担。但妈妈从来不对我们说她的痛苦，而是一个人默默承受着，因为她怕给我们带来成长的阴影。妈妈还处处维护着爸爸，但她不知道，我姐姐已经将这一切看透。她恨爸爸，而且是恨之入骨，从来不和爸爸说话，也从来不叫他爸爸。但爸爸从来没想到改一改，相反还变本加厉，经常欺骗妈妈，做对不起妈妈的事情。他以为我和姐姐什么都不知道，其实，我们什么都知道。他根本就蒙不了我们！

小时候奶奶对我们那么不好，而现在对我们是出奇的好，我觉得她和爸爸好虚伪！

妈妈现在将所有的希望都寄托在了我和姐姐的身上，希望我们把书读好，给她争光。我不能辜负妈妈的希望！

心理点拨

许多的亲子案例都告诉我们一个道理：父母之间不管有多大的矛盾，多深的恩怨，都千万不要将孩子拉扯进来，更不能让孩子做父母的裁判员来评价父母哪个对，哪个错，或者是谁对不起谁。这样不仅会把亲子关系的角色颠倒，还促使孩子去维护一方，反对另一方，对孩子的心理成长乃是极大的威胁因素。夫妻之间有不满了，闹情绪了，都是很正常的，但一定要去一个私密的不让孩子知道的空间里释放自己的情绪和解决彼此的问题，不要把夫妻间的情感问题牵扯到孩子身上。

"我出生时父母正在吵架，因为我爸爸很花心，在我妈妈生我的时候，他都没去医院看一下。"出生时的事情，孩子怎么会知道呢？

是谁将大人们的恩怨告诉给了孩子，以至于孩子认为自己出生的时候，爸爸都在花心？母亲也知道，不能给孩子的成长造成阴影，但孩子心中的阴影已经是根深蒂固！在这种阴影中成长的孩子，将来用什么心态面对自己的情感生活？

从日记中，我们可以推测：爸爸和奶奶是一个联盟，而妈妈则本能地选择了子女做自己的联盟。这样的两大阵营在家庭中长期存在则是家庭教育面临的最大威胁！

父母们！要解决好孩子的教育问题，请一定先解决好自己的婚姻问题！如果不能及时地解决自己的问题，至少要尽量避免让孩子来承担父母的问题！

而作为子女，相信父母对自己的爱，不干涉父母的婚姻，尽量不评价父母在婚姻中的对与错，不和父母之中的某一方结成联盟则是必须注意的事项。

7. 父母离婚了，我把自己变成一块铁

2007 年 3 月 12 日　星期一

天气：阴

当下心情：痛苦

心情指数：★★★★★★★★★

心情故事：

　　在学校，我的笑声可以震动房屋，别人都说我是"笑不死"。别人都以为我很快乐，他们哪知道我的痛苦！我父母的感情发生了破裂。我非常想报仇，却不知道该向谁报仇。每当我平静下来以后，一种莫名的伤感和仇恨就把我一点一点地吃掉。我不想让父母知道我有多伤心，有多痛苦。我每次不开心，都是父母不在家才哭几声喊几声。父母都以为我很坚强。为了不让父母担心我，我把自己变成了一块铁。

　　我对父母的离婚表面上不反对，因为他们的感情破裂了，在一起会更加的不开心；私下里，我又是反对的，这就是做子女的私心吧，还有就是对母亲的不舍。

　　我现在经常想着要复仇。我知道这是不对的，可我还是忍不住去想。我不知道自己究竟会做些什么。

（王翼）

心理点评

　　王翼同学目前的心理是一个典型的外部攻击心理，只是还没有实施外部攻击行为。而现实生活中因父母离婚而打架闹事实施外部攻击行为的事例则屡见不鲜。而我也曾经接触过一个内部攻击心理的例子：那是一个父母离异之后跟着父亲生活的女孩子，她每次想到母亲时都会强烈的自责，认为是自己不好，把母亲气走的。无论是外部攻击，还是内部攻击，都是心理的不平衡所致。而要想平衡心理，首先，父母需要在离婚时告诉孩子：我们的离婚与你无关。虽然爸爸和妈妈不能在一起生活了，但爸爸妈妈还会是好朋友，还会像以前一样地爱你照顾你。其次，孩子需要

做到：①学会向可以信任的老师、父母、朋友、心理咨询师等宣泄自己的不良情绪（写心理日记宣泄，方便、安全、保密，也不失为一种好办法），不要"把自己变成一块铁"。长期装出坚强的样子，其结果是心理上的极度脆弱。该同学的报复心理其实就是脆弱的体现。②客观地认识父母的离异。父母的离异是会在一定的时期内给孩子造成一定的伤害，但如果父母的矛盾冲突长期得不到解决，其对孩子隐性的伤害会更大。当然，父母有些深层次的矛盾是孩子体察不到的。只有等孩子长大以后，才会明白。而父母的离婚也不仅仅是带给我们痛苦，也会让我们更加的成熟。③用真挚的友情和刻苦的学习来转移自己的感情。让真挚的友情和学习成功的喜悦冲淡因父母离异而产生的痛苦。特别强调的是，一定要注意多和积极乐观的同学做知心朋友，减少与消极悲观的同学的深入接触。不是有消极情绪的同学不好，而是要避免"同病相怜"对负性情绪的强化。

真心祝福王翼同学，希望属于你的幸福不要离开！

8. 暑假给孩子补上"玩"这一课

2007 年 7 月 12 日　星期四

天气：阴雨

当下心情：惭愧

心情指数：★★★★★★★

心情故事：

暑假到了，我绷紧的神经也终于得到了放松。虽然如此，但过于放松自己也不是什么好事。今天是暑假的第一天，妈妈给我布置了不到两个小时的作业，可我呢，只顾贪玩没有很好地完成。为此，妈妈非常生气，并和我谈了一个晚上。

妈妈，我错了。您布置作业时，我满口答应，可真正做起来却没有按时完成。这种行为是一种不遵守诺言的表现，俗话说得好："君子一言，驷马难追。"可我呢？作为一名学生，学习本来就是自己的本分。妈妈每天利用休息时间给我布置、检查作业，已经很辛苦了，可我不但没有减轻妈妈的负担，反而让您如此为我心碎。妈妈，您经常对我说："人贵在自觉，学习本来就是你自己的事情，为什么还要别人在

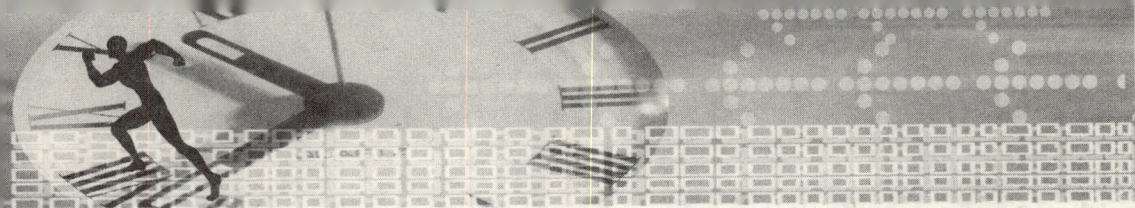

后面拿着鞭子赶呢?"

　　妈妈,我错了。这次期末考试我虽然名列全班第二名,但您说一次考试终究说明不了什么。可以看到，在我前面有很多强手，在我后面紧紧追赶的同学也很多。因此，我没有丝毫理由沾沾自喜，我应该以此为动力，抓紧时间弥补平时学习的不足，向更高的目标发起冲击。

妈妈，我错了。在这个暑假里我不会再让您为我操心了，我会自觉地做好每一件我应该做的事。妈妈，您在和我谈话的最后送给我一句话："只要你再努力些，再刻苦些，你会变得更优秀。"我会的，我会谨记您的教诲，我会让您为有我这样的儿子而感到自豪无比。我一定会的。

妈妈，我错了，我诚心诚意地请您原谅我。我会牢记您让我背的《孟子》中的一句话："故天将降大任于斯人也，必先苦其心志，劳其筋骨，饿其体肤，空乏其身……"

妈妈：最后我也送给您一句话：在我放假期间，请您也放松一下您自己，注意休息。您的儿子长大了。

（小刚）

心理点评

家长对孩子成长的认识，我觉得可以分三个层次：

1. 只知道文化成绩对孩子极其重要。这是最肤浅的一个层次。这个层次上的有些家长会利用寒暑假给孩子恶补文化成绩，恨不得让孩子把寒暑假的一天变成平时学习的两天，其结果可能会导致孩子头昏脑涨、精神不振、消化不良、记忆力减退等，并使孩子对学习产生厌倦心理。

2. 不仅认识到文化成绩的重要，而且认识到广泛的兴趣爱好对孩子成才的重要性。这个层次上的有些家长就会利用寒暑假让孩子上各种各样的兴趣班，上午学琴，下午学画画，晚上还要学舞蹈。孩子累得团团转，虽然也培养了一些兴趣爱好，但因为家长的功利意识过强，效果并不一定好。

3. 在前面两个层次的基础上，家长们还认识到健康快乐的心理状态是孩子一生幸福的源泉。从孩子一生的幸福出发，这个层次的家长会利用寒暑假让孩子进行必要的心理调整。在完成必要的寒暑假作业的前提下，在保证孩子的生活规律不被打乱的前提下，家长会给孩子尽可能多的自由空间，让他自己支配自己的时间（包括自己支配学习时间和娱乐时间，自己安排社会实践等）。这类家长会认识到：寒暑假不仅是孩子们暂离繁重课业，放飞稚嫩心灵的自由时空；更是让孩子们在课堂之外的广阔天地中汲取养分进行素质教育的大好时机。

日记中的小刚妈妈是属于哪个层次，并不是很清楚。但她对孩子的学习成绩及刻苦程度有一种过分的要求，则是可以肯定的。暑假的第一天，孩子绷紧的神经好不容易得到了放松，可妈妈又让它紧张了起来！妈妈究竟是怎样和孩子谈了一个晚上的呢？我们究竟是应该满足孩子爱玩的天性还是要迎合母亲焦虑的心态？

最后，我们需要澄清的是：孟子的"苦其心志，劳其筋骨，饿其体肤，空乏其身"这句话是真理很重要，但它只是真理的一面。每个真理都会有其反面，也是同样的重要。具体来说，没有学习之"乐"，学习之"苦"还有价值吗？

假期到了，给孩子补上"玩"这一课，陪孩子"乐"一"乐"，既是家长的责任，也是孩子的权利，更是孩子心灵健康成长的保证。

9. 在校是三点，回家能否多一点

2007 年 3 月 17 日　星期六

天气：阴

当下心情：痛苦

心情指数：★★★★★★★★

心情故事：

盼望已久的周末终于姗姗而来。每天在学校里，作为一个住宿生，总是生活在三点之间——教学楼、食堂和宿舍。生活总是这么无聊，多想看看电视，上上网，可就是逃不出家长的手掌。

昨天是星期五，我早早地回到了家，二话没说就一个人默默地拿起作业在书桌上写了起来。妈妈回来，看见我在认真地学习，脸上露出了欣慰的笑容。我暗暗地想：今天我把作业写完了，明天应该能看看电视了吧？

今天早上，爸爸妈妈都早早地起了床，说有事出去了，家里只剩下我一个人。我想，机会终于来了，趁妈妈不在，赶快看电视。真是乐极生悲，当我正津津有味地看着电视的时候，一阵稀里哗啦的开门声打碎了我的美梦。天啊！妈妈"偷袭"回来了。我还没反应过来，妈妈的提包已经狠狠地砸在了沙发上，砸出我一身冷汗。

"你让我说你什么好？你是中学生，不是小学生了。你要努力学习，将来考一个好高中！像你这样整天看电视，不把学习放在心上，将来谁来养活你啊！快点到房里写作业去！"妈妈气得脸都红了。看着妈妈失望又愤怒的眼神，我流着眼泪回到了房里，和着泪水写起了妈妈给我买的《黄冈宝典》。

为什么中学生就要整天写作业，而且写个不停呢？中学生就不能有放松的时候吗？犯人也还有放风的时候呢！学生不是机器，机器也需要保养呢！妈妈您原来也没读什么书，可您现在并没有要谁来养活您啊！

（小琪）

心理点评

母亲对孩子学习的过度焦虑，可能源于自身的生存焦虑。如果做母亲的长期不能处理好自己的生存焦虑，这种焦虑就会在无意中造成对孩子的亲源性心理伤害，并有可能使孩子产生亲源性情绪障碍。具有情绪障碍的学生对于喜怒哀乐的感受通常很强烈，往往是情绪直接支配他们的行为，并容易产生自卑、自怯、孤僻等心理。

其实，在快乐中成长的孩子，无论他将来是当总统，还是在家里种土豆都是社会财富的创造者，是不需要担心将来谁来养活他的。

在此建议小琪同学在消除了你和母亲的不良情绪的前提下，和母亲进行有效的沟通，理性地探讨母亲内心焦虑的根源（有条件的话还可以寻求专业人士的帮助），让母亲和自己一起成长。

家庭教育，就是父母和孩子一起成长啊！

10. 父母离婚了，请不要限制孩子的爱

2007 年 9 月 20 日　星期四

天气：晴

当下心情：痛苦

心情指数：★★★★★★

心情故事：

在我很小的时候，父母就离异了。我住在姥爷家，姥爷很疼我，但经常要求我和父亲划清界限。为了不让姥爷失望，我拼命地压抑着对父亲的思念。以至于见到父亲的家人都感到害怕内疚，好像我是姥爷家的叛徒。我有时会问，爸爸为什么不来看我。大家就骗我说，父亲工作很忙，没空看我。我不敢吵闹，就很乖地傻等着，希望有一天父亲不忙了来看我。但我很快就发现了事实的真相。真相就是：父亲在我 7 岁时再婚了，并很快有了新的孩子。听亲戚说，他很疼他的新孩子，他还卖掉

了在我小时候他给我准备的嫁妆。我有一种废物被抛弃的感觉。一年前,最疼我的奶奶去世了,却没有任何人通知我,是我自己跑到医院打听到奶奶已经去世的消息。我很伤心!在我们父女分开的十几年里,他从没有主动看过我,见我的次数简直用脚趾头都可以数出来。大人们谴责父亲的话总是不停地刺伤我的心。小的时候,我最喜欢爸爸了,他也最疼我了。现在什么都变了,什么都不能改变了。我想过去找妈妈、爸爸谈一谈我们之间的事情,但我知道结果肯定是:妈妈难过,爸爸难办,我更难堪!还不如我尽点孝道,闭着嘴平平安安地过日子呢。这件事一直压抑着我,我该怎么办?

(小颖)

心理点评

　　父母的离婚不一定会在孩子那里形成心理创伤,但如果离婚的父母双方以及他们的家人想通过孩子来惩罚对方,抑或限制孩子对另一方及其家人的爱,那么,孩子的心理问题就很容易形成。当父母离婚后,有些父母以及爷爷、奶奶、姥姥、姥爷等往往认识不到这一点,很无奈也很悲哀。我真诚希望小颖能够原谅你的家人,因为他们可能是真的不懂这个道理。同时,你更应该明白:他们告诉你的并不是真相!真相就是:每个父母都爱自己的孩子,也许只是他们并不知道该如何理性地去爱自己的孩子,更不知道如何教育自己的孩子学会爱的艺术,他们以为你只爱他们其中的一方才是真爱。而实际上,你必须同时去爱他们双方才会有一个幸福的人生!

　　大胆地去爱你的每一个亲人吧,因为这是你的权利,也是你幸福的保证!

11. 成功也是成功之母

2007 年 9 月 27 日　星期四

天气：晴

当下心情：渴望

心情指数：★★★★★

心情故事：

我是一个初中二年级的女生。爸爸长期出差在外。在家里，只有我和妈妈两个人，平时家里非常冷清。

在妈妈眼里，我是一个"又懒又笨，又不听话"的孩子。每次只要听说有考试和比赛，妈妈的几个同事就会拉着妈妈问东问西，什么"你的孩子考试成绩怎么样啊？比赛成绩如何啊？"诸如此类的话多得很。有时，我想，她们那些人烦不烦，累不累啊！每次都是那几个问题，她们不烦，我还烦呢！每次妈妈在上班时谈到了这类话题，就会在回家后拉着我讲道理，说什么要好好努力呀，不要分心，考出个好成绩为她争点面子。而每次我都是面无表情地走开。事后我就会想：我在她心目中真的就一无是处吗？我的学习就是为了她的面子吗？

在妈妈眼中，我的所有成绩，只要超过她的想象，她就会认为我是蒙的，或者是巧合和意外。如果我得了奖，她就会说："不要骄傲，说不定又是巧合呢！"世上哪来那么多巧合？

一次作文竞赛，老师要选五个人去参加。老师点了四个后，发现还差一个，就只能让我去充数。开始，我还有点紧张兴奋，心想：会不会真的得奖。公布竞赛结果的时候，我的名字半天没有人念。我以为没有希望了，可就在最后一刻，我的名字被念了出来。我当时兴奋极了，赶紧回家告诉妈妈，希望得到她的肯定甚至奖励。可妈妈知道了，只是说："有什么好高兴的，只是三等奖，还是被拉去充数的人。"我的心一下子从天堂到了地狱。

为什么妈妈从来就不鼓励我，从来不夸我呢？这个问题，我想了很久了。

心理点评

家长不善于表扬自己的孩子，可能是教育理念的落后所致，总是认为，表扬了孩子就可能会使孩子骄傲，而骄傲之后是一定会退步的，所以，为了防止退步，就干脆不表扬了。实际上，表扬是一种肯定，也是一种动力。至于表扬之后就退步的也有，但退步也是一种教训、一笔人生财富啊！对于家长来说，如果你想要自己的孩子有所作为，就不要吝啬自己的表扬吧！很多家长都知道在失败的时候鼓励自己的孩子说：失败是成功之母！但是，家长们往往会忽视另外一面，就是：成功也是成功之母！因为成功往往会增强孩子学习的兴趣与信心，而过多的失败往往会挫伤孩子的学习兴趣与信心，从而使失败变成失败之母而不是成功之母了！所以，家长们要学会发现孩子的闪光点，要让孩子能经常体验到成功，这才是引导孩子走向更大成功的最好途径。

同时，家长还要注意，不要在公众场合用自己孩子的成绩和其他孩子的成绩进行比较。这样的比较会让没考好的孩子很受伤，也会令家长的心理产生不平衡，使其在教育孩子的过程中发生偏差。

对于孩子来说，如果家长不善于表扬，也大可不必耿耿于怀，而是要学会自己奖励自己！比如获奖后给自己买支雪糕，比如取得好成绩后和朋友们一起去郊游等等。当一个人学会了不依赖于某一个（或几个）人的肯定和鼓励，而能够自己对自己进行有效奖励的时候，就意味着他成熟长大了。

12. 叛逆是为了及时地分离

2007 年 9 月 27 日　星期四

天气： 晴

当下心情： 内疚、自责

心情指数： ★★★★★★

心情故事：

我从小就是一个特别乖的女孩，一直都很听母亲的话，从来都不敢违背母亲的意愿，因为家里一直都是母亲管事，而母亲对家里的每个人要求都很严格。我在做任何事情之前都要问一问母亲，只有得到母亲的许可之后才敢去做。可是最近一年来，我不知道怎么了，对母亲的行为非常反感，有时甚至忍不住和她发生战争。我忽然强烈地感到自己要摆脱母亲的控制，自己对未来负责。我再不想做母亲的傀儡了。

面对想独立的我，母亲的反应十分强烈，也非常伤心，甚至大哭大闹。看到母亲痛苦的神情，我的内心十分内疚和自责，因为母亲为我们这个家付出的太多了，这么多年她一直很不容易。她和父亲的关系一直都不好，就是因为我她才留在这个家的。她一直都不幸福，只有我是她的希望。我实在不想惹她伤心，可是我有时还是忍不住会对她发脾气。曾经的乖乖女到哪里去了呢？

（小薇）

心理点评

　　这些年来，你和母亲关系一直很好，一方面因为你母亲对你无微不至的关心和照顾，另一方面是因为你还小，无论从生理上还是从心理上都需要母亲的照顾。也就是说，在母亲事无巨细的照顾中，母亲得到了慰藉，你感到了满足。大家其乐融融！但现在的关系正发生着微妙的变化：母亲仍然需要从对你的关心中忘记婚姻的痛苦，弥补婚姻的缺憾；你因为身心的发育和成长却希望走出母亲的视线，和母亲适当地分离。

你的这种心理上的要求很可贵，是值得肯定的，因为它是你走向成熟的标志和起点。希望你不要为此觉得内疚，而是要为自己高兴。但你也要尽可能地理解母亲。因为婚姻的不如意，母亲对你投入了大量的感情，你们之间的关系一直非常亲密，相互依赖，对于你的独立和成长，母亲实在需要一段时间去适应。同时你还要看到每一个孩子在青春叛逆期都可能出现的问题，那就是感情用事，冲动，急躁，缺少沟通。

所以，心理分离是必要的，但分离的步伐是否可以小一点？分离的方式是否可以温和一点？分离的过程中，沟通是否可以多一点？比如：以前有三件事情都是母亲做主，现在是否能告诉母亲，其中有一件事情，希望她不要过问了。如果一下子断然拒绝母亲的许多关心，母亲心理无法接受，冲突当然难以避免。而你呢？因为长期依赖母亲，也不适合突然拒绝母亲的所有照顾。

总之，这是每一个孩子在成长过程中都会面临的问题，只要你和母亲多沟通多交流，相互理解彼此的心理需要，就一定能恢复到往日的和谐和幸福。

13. 有了沟通，就不会有代沟

当下心情：彻底失望

心情指数：★★★★★★★★★★

心情故事：

已经临近中考的我一直承受着很大的心理压力。每天都被时间所压迫着。在学校学习了一天，回到家里本以为可以找到放松的感觉，然而，这一切的一切，并不能如我所愿。每次回到家都会听到父母唉声叹气的声音。随着时间的推移，我才发现，原来我是那么的孤独、没用。平日里的我，笑容总是离不开。但一到夜晚，我感觉自己像迷失了方向，脑海里不停地想一些不该想的事情。本来就睡眠不足，再加上自己睡觉时胡思乱想，我感到自己的精力一天不如一天。

也没办法，该怎么过就怎么过吧！与父母的关系也不怎么样，彼此间根本就没有共同语言，他们问我什么，我就答什么。有时候，心情不好，他们问我，我就当没听见一样或者非常大声地回答。这样对待父母，事后我也会后悔。可是，世上没有后悔药啊！想去跟他们解释，自己觉得很没面子。即使解释了，他们又会以为我是假装的，对我没有一点信任。这就是我与父母之间的代沟吧！

我的想法与他们完全不同，总以为他们的想法很古板，跟不上时代的步伐。因为这样想，我的脾气也越来越坏，稍不顺心就发火，根本不能控制自己的情绪。有时我发火之后，一连几天都不会说话。实在要说，也只说两三个字的句子。

我不明白，为什么我每次发火的对象都是母亲，对父亲则另眼相看。

可自从前年家里发生了一件事情之后，我对父亲的看法完全改变了，我开始恨自己的父亲，而只在意母亲了。

那是前年的年底，母亲第一次在我面前流下了眼泪，我也第一次知道，做一个女人是那么不简单，受的苦没有一个人知道。当时，我一下子蒙了，一时不知所措。

后来，他们的关系稍稍好了一些，我和父母的关系也有所改善。可好景不长，去年的下半年，因为我的事，父亲给了我两记耳光。由此，我渐渐减少的恨又开始增加，一直到现在。我与父亲之间的隔膜变得更深，就连找他用下手机都不敢说，怕他会说三道四的。

作为女儿的我，真的很想家庭和睦，让别人看了，觉得我们很幸福。但是，面对我的所作所为，他们总是不相信我，总认为我是在骗他们。他们这样认为，我还能怎样？想跟他们解释，自己又不敢。就是解释，他们也不会听。我只好保持沉默，用实际行动来告诉他们，我没有骗他们！

还有半个月就中考了，心里的压力好大好大。每次考试之后，他们都会数落我，根本就没有一点鼓励我的意思。我现在真的很无助。人们常说，父母是孩子最好的老师，家是幸福的港湾。这两句话，我并没有体会到。为什么在外面我能找到属于自己的自由快乐，回到家则没有了呢？为什么我想得到的东西，总是得不到。我的要求并不高，父母却总是找理由敷衍我。我彻底失望了！真想快长大，找到属于自己的工作，这样才会有自由快乐！

（化名：彭天桃）

心理点评

家庭中，夫妻关系的问题会直接影响到亲子关系的正常发展。母亲为了获得女儿的同情说了哪些对父亲不利的话，父母之间究竟有哪些恩恩怨怨，我们不得而知，但母亲无意中摧毁了父亲在女儿心目中的形象，这对女儿的成长是极其不利的。它是彭天桃同学现在不相信父母并对父母产生抵触的主要原因。另外，父亲对女儿过于强势，而母亲又过于弱势，会让做女儿的因在家庭中感到无所适从而出现心理上的失调。

彭天桃要想找到家庭的快乐，不能等着父母改变，自己要主动去和父母沟通，并逐步培养轻声说话的习惯。

有了沟通，就不会有代沟！

14. 我是爸爸一生的债

当下心情：痛苦

心情指数：★★★★★☆☆☆

心情故事：

我是一个单亲家庭的孩子，妈妈在5岁的时候就离开了我，所以我曾经非常怨恨我的妈妈，怨她在我这么小的时候就弃我而不顾。慢慢长大以后，我懂得了许多，也终于知道为什么妈妈不要爸爸，因为我爸爸没有钱，也没有房子。当初，我还以为妈妈是因为我走的。

一个孩子，学习成绩不好，却还要经常找家长要钱。我认为，这样的孩子就是父母的债。每次要买学习用品和学习资料等，我都不敢直接对爸爸说，总是转弯抹角地告诉他，因为我怕爸爸又骂我，骂我将钱拿出去乱花。我在爸爸心目中就是这样的一个人啊！

有一次，我跟爸爸发生了冲突，非常气人，而爸爸还说让我去死。那时，我的心当场就凉了一半。我就跟爸爸说："好，我就去死，你不要后悔！"结果，我一个人跑了出去，到了学校。上课时，我想到这些，就不由自主地哭了。我想：我为什么不去死呢？我活在这个世上还有什么意思呢？自己学习又不好，长大了我该怎么活呢？我只有死这条路吗？我趴在桌子上，用我两只指甲很长的手指掐我的手腕，这样我才感觉到好受一些了。

我真的非常讨厌自己，破碎的亲情，可望而不可及的爱情集中起来压向我，我

感觉自己快要窒息了，泪水就不停地流下来。为什么我喜欢的几个男生都不和我好呢？

　　因为自己学习太差，所以，每当老师念考试分数的时候，我都没有勇气去听，因为我知道，我永远都不可能考出好成绩，永远！

我现在经常感到恐惧在向我扑来。为什么我做人这么失败？我真的好讨厌这样的自己，学习搞不好，还天天找家长要钱。我就是爸爸一生的债啊！

爸爸，我只能对你们说声"对不起"。我不能原谅我自己。

爸爸，对不起！

（张玮）

心理点拨

一个孩子缺失了母爱，已经是一个巨大的打击，而父亲又不能用良好的、积极的方式来表达他的爱，对这个孩子来说，就无异于雪上加霜了。更何况，还有经济上的窘迫令父女俩难以承受呢！

但，张玮，这样一个柔弱的女孩子所表现出来的是坚韧和顽强。可能正是因为她所具有的这种品质，她的父亲才敢用"无情的爱"来对待她吧？

虽然她很坚韧和顽强，但她心中的消极思维和消极情绪已经在慢慢地吞噬着她的心灵，不停地降低着她的自尊。这样下去，对她一生的幸福是极大的威胁。

你不是爸爸一生的债。你目前所充当的不过是爸爸负性情绪的接收器。爸爸在无意识中发出这种情绪，你在不知不觉中接苏了这种情绪。而这种情绪又直接影响了你的学习和对未来的信心。

认识了问题的实质之后，再面对爸爸情绪上的问题时，就可以尝试着告诉爸爸：要管理好自己的情绪。虽然，要爸爸一下子学会管理情绪很困难，但至少可以暗示自己：不是做女儿的有问题，而是做爸爸的情绪控制出现了问题。我要先管理好自己的情绪然后再帮助爸爸啊！

15. 用感恩的心面对这份独特的父爱

2008 年 1 月 2 日　星期三
天气：晴

当下心情：苦闷

心情指数：★★★★★★

心情故事：

　　人们都说"父爱如山"，深沉厚重，可是我却希望永远不要见到我的父亲，最好让我们一点关系也没有。

　　我父亲脾气很暴躁，动不动就打我妈，打完我妈再打我，那时我好害怕。我老想我妈妈怎么允许他打呢，为什么妈妈不带我到一个安全的地方去。后来我知道了有爸爸妈妈的家才是完整的家，我就隐隐地知道了妈妈不带我走的原因。我就更恨我爸爸了，觉得他就像一个缠住人不放的恶魔。当我上初一时，我妈妈终于和他离了婚。我妈妈很小心地告诉我这个消息时，我简直要欢呼起来，我想终于可以不用提心吊胆地过日子了。那种感觉就像终于脱掉一双夹脚的鞋子一样舒畅轻松，谁说单亲的孩子就可怜！可是，好日子并没过几天。有一天，我刚出校门，就听见我爸在远处喊我。我心里咯噔一下，似乎有什么不祥的预感。开始，爸爸语气还好，问我的学习情况，我一直木着脸，只是偶尔点点头，说声"好""嗯"之类的话。终于，他火了，说了句"我把你吃了不成"就走了。再后来，爸爸就经常打电话到我家，总要我接电话。我现在听到电话响特紧张。慢慢地我看了一些书，也知道血缘之情是割不断的。我还发现爸爸也挺可怜的。现在我心里充满矛盾，不知道该怎样面对他。看到别人的爸爸，我心里羡慕极了。

（倾诉者：小妮）

心理点评

　　爱有各种形式，有常态的，也有非常态的。你的父亲有时不能用常态的方式爱自己身边的亲人，不能不说是一种遗憾。虽然我们还不能知道他对妻子的感情到底有多深——作为孩子的你当然只能看到父母冲突的一面，无法看到冲突背后的一面——但他对你的感情显然是很真挚浓烈的。如果你慢慢学会以平和的心态面对父亲，那么，父亲三番五次地打来电话甚至到学校来找你的时候，你就不会排斥和恐惧了，取而代之的应该是感动和幸福吧！只是培养这种心态还有很长的一段路要走。它需要你慢慢淡化过去的家庭冲突并重新认识过去的种种不快，这样你就能拭去灰尘看到那颗被遗失的父爱珍珠。

　　很多年后的某一天，当你回忆起父亲离婚后对你的种种关心，你会忽然发现，那校门口传来的父亲的呼唤和朱自清父亲的背影一样令人感动不已甚至让人泪流满面。只是一个用了大家都习惯的常态方式，一个却和我们不大习惯的非常态方式联系了起来。

　　这样想来，你能否找到一颗感恩的心呢？

　　学会用感恩的心面对这一份独特的父爱吧！这将是你成熟的开始、幸福的起点。而你的成熟也许能促使父亲找到常态的情感表达方式呢。

16. 如何面对父母的"无敌碎碎念"神功

2007 年 9 月 24 日　星期一

天气：晴

当下心情：痛苦

心情指数：★★★★★★

心情故事：

烦！烦啊！

　　在学校烦！在家里更烦！不知道从什么时候开始，爸爸妈妈的言行让我觉得讨厌。这不，我妈妈又开始了她的专门对付孩子的"无敌碎碎念"："你呀你！什么时候能让我省心啊！一天到晚不学习，只知道玩，长大怎么办啊……"唉，我可怜的耳膜已经要破了。

　　每天回到家的时候，母亲都会将我叫到客厅里，然后教育我一定要好好学习。还有，每天上学的时候，妈妈总会问：碗带了没有？书都装好了没有？其实这些事情早就是我自己料理的，根本就不用她操心。然而妈妈还和我上小学一年级时一样地叮嘱我。妈妈的唠叨浪费了我很多宝贵的时光。不知道妈妈知不知道！

　　这不，又来了。星期五放学回家。吃晚饭时，桌子上荤素齐全，但我只吃我最喜爱的土豆丝，别的动也不动。妈妈看了就说："小孩子正长身体，应该多吃青菜，营养不能单一，每一样菜都要吃一点啦！"接着又说什么："在学校住宿，饭一定要吃饱啦！""衣服一定要穿暖和啦！"听了都烦死了。我进房写作业，妈妈就跟进去叠衣服。边叠边说："你写作业要认真，写完了要仔细检查，不能马虎。考试时更要一丝不苟……"我只是"哦哦"地答应着，无论她说什么，我都是这样，因为她说了上句，我马上就可以背出她下面的话来了。

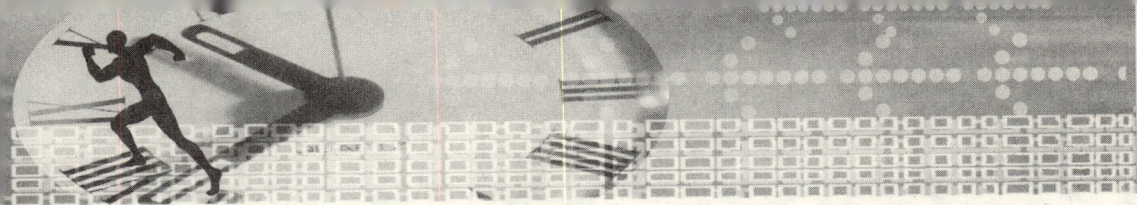

心理点评

　　家长唠叨是焦虑情绪的体现，只是这焦虑可能来源于孩子，也可能来源于自己。家长如果发现自己对孩子唠叨了，首先要思考的是：是不是自己本身存在焦虑情绪而通过孩子表现了出来？孩子只是自己生存焦虑的载体而已？如果是这样，那么，自己的焦虑究竟来源于何处？又应该如何调节？家长如果不能发现自己的焦虑并进行有效地调节，那么要静下心来听孩子的倾诉就显得十分困难了，而教育孩子更是成为一句空话。唠叨多了，往往适得其反。不但不能解决问题，反而可能加深父母与儿女之间的代沟。与其不厌其烦地絮叨，不如听听儿女的倾诉，给他们一些成长的空间。路是自己走出来的。与孩子平等地坐在一起交流，给孩子一些适当的提醒和关照是必要的。但不应是命令、要求和无休止的絮叨！如果父母与儿女形成对立，那么您的一切教导、教育就都不起作用了，无效劳动，劳而无功，还影响孩子的学习情绪，恐怕哪一位家长都不愿看到这个结果。

而做子女的如果发现父母唠叨了，也要思考：自己是不是很不善于理解父母，让父母深感焦虑和失望？中国的父母恐怕是世界上最辛苦的人！唠叨中固然有焦虑的情绪，但也有爱子之急切啊！为了孩子的学习成长，家长们大多不惜一切代价。为孩子吃再多苦受再多累，他们也心甘情愿。可怜天下父母心，请你们理解一下父母吧！他们望子成龙的心情没有错啊！请大家齐声高呼一声：理解万岁！所以，有话就和父母交流吧！注意一定要用尊重的口气，而不是埋怨。

17. 青春期的孩子要主动获得 同性父母认同

2007 年 11 月 11 日　星期日

天气：晴

当下心情：痛苦

心情指数：★★★★★★

心情故事：

前几天，爸爸准备给我买一个学习机。买之前，爸爸先打电话问妈妈同不同意。我本以为妈妈会同意的——因为学习机是用来学英语的——谁知道妈妈竟然不同意！爸爸事后还是决定给我买，就再一次打电话问妈妈。妈妈就在电话里大叫起来："你有钱就给她买，问我干什么？"

每次我要买什么东西，妈妈都不给我买。但她自己要买东西时都毫不犹豫地买了下来。

小时候，我在学习中遇到难题，她不是骂我就是打我。所以，从小我就不喜欢妈妈。小时候，我就想：等我长大了，有了钱，把爸爸接过来住，就不管妈妈了。

心理点评

精神分析学派中所说的"亲子三角关系"，指的是父母与孩子三者之间可能产生的特殊情感或联盟关系。父母除了喜爱自己所生的孩子，有时另有一种潜在心理，对异性的子女格外地喜爱或偏袒，并在无意识中形成某种联盟。如母亲疼爱儿子，父亲偏袒女儿。

而在性蕾期（3岁左右）的儿童因为懂得了两性的区别，开始对异性父母眷恋，对同性父母嫉恨，其间充满复杂的矛盾和冲突，儿童会体验到俄狄浦斯（恋母）情结和厄勒克特拉（恋父）情结，这种感情更具性的意义，不过这只是心理上的性爱而非生理上的性爱。

由于在无意识层面，存在着父母对异性子女的偏爱以及子女对异性父母的迷恋，亲子三角关系就会有发生扭曲的可能。

值得庆幸的是，一般来说，孩子在进入6至11岁的同性期后，因为开始和同性的父母亲近、向同性的父母认同，亲子三角的问题会自动消除。而少数的孩子由于各种原因其性心理一直停留在性蕾期，而长大后恋爱与婚姻往往会不自觉地成为亲子三角关系情结的延续。

不管是何种原因造成了你与母亲的隔阂及亲子关系的失衡，你都需要主动去消除母女之间的误会，积极主动地向母亲认同。只有这样，你才可能真正走过同性期，顺利进入青春期。而对于一个青春期的女孩子来说，无论在心理上还是生理上都有许多需要母亲进行指导而父亲无法介入的事情。排斥母亲的损失是巨大的！

如果是男孩子，从6至11岁的同性期开始就需要向父亲进行认同。到了青春期的男孩子如果还没有向父亲认同，他的心理发育同样是有缺陷的。

同时，做父母的也要及时地反省自己：是夫妻关系的问题引发了亲子关系的问题？还是教育方式和心态上的问题？特别是三角关系中唯一的男子汉，如何在女儿和妻子之间做好平衡工作，如何消除女儿对母亲的怨恨，是极其重要、极其关键的！

最后，需要说明的是：这种家庭人际关系上的问题，做家庭心理辅导很有必要，也可以收到比较好的效果。

18. 是爱，还是恨？这是个问题

2007 年 10 月 12 日　星期五

天气：阴

当下心情：痛苦

心情指数：★★★★★★

心情故事：

　　每当走在大街上，看见别人一家三口快快乐乐的样子，我就不由地心酸起来，就会想到自己一个人孤零零没有家人陪伴的样子。自从父母离异后，我就再没有见过爸爸。妈妈也因为工作上的原因，很少回家。我一个人住在奶奶家。虽然有奶奶的关爱，但心里还像是缺少了点什么。

　　每当我一个人静静思考的时候，脑子里总会一一闪现从前的美好时光，总会回忆起一家三口在一起的温馨场面，回忆起爸爸对我的种种教诲，想起爸爸对我的好。与爸爸在一起是多么美好啊！但我又知道妈妈对爸爸的恨，知道爸爸犯下的种种错误。所以，我又必须恨爸爸。否则，我就对不起我的妈妈啊！

　　我现在，对爸爸是想爱，却不敢爱；想恨，却恨不起来。毕竟我和爸爸在一起生活了十几年啊！

　　以前，每当看见他们吵架，我就会想：两个人都退一步，不就海阔天空了吗？但现在我才体会到，事情并没有那么简单。

　　我的心里真矛盾啊！

（王馨）

心理点评

　　我们感到幸福，是因为我们还可以爱别人，而不是因为我们得到了多少爱！

　　粉碎一个孩子爱的梦想，是极其残酷的，哪怕这种行为是无意识的，是有苦衷的！

王馨同学，你的爸爸肯定也像其他人的爸爸那样犯下过一些或大或小的错误，但他爱自己女儿的心从来就没有错过啊！

像爱自己的母亲一样地爱自己的爸爸吧！因为，这是你幸福的源泉。

19. 崇拜孩子就是崇拜希望

心情故事：

从儿时起，长辈们就经常给我灌输一些"只有考上大学才有出息"之类的肺腑之言。于是，乖巧的我在父母的笑容里，趟出了平坦的道路，直到顺利走进中学——人生的"岔路口"。但父母的心愿不一定就能实现，因为路终归还要靠自己走呀！

我的理科成绩很不好，我喜欢文科，因此文科一直是我的强项。而且我还决定上高中后选择文科。偶尔我还会让喷涌的诗情缠绕笔端，可是长辈们却把这视为"歪门邪道"："不专心读书，拿什么成绩上高中、考大学？"

记得上初二的时候，我兴冲冲地举着校园文学社的小书刊，拿给妈妈看："妈，您看，登了我的一篇诗哎！"

满以为自己会得到一声赞叹，谁知妈妈一把夺过书刊看都没看一眼，把它扔进了废纸篓。并对我厉声地说道："别把时间浪费在这些'歪门邪道'上，别再写什么诗、文什么的，认真学习，要知道成绩是最重要的……"听了这一席话，我好伤心，甚至觉得妈妈好不讲道理。

但不管怎么说，妈妈也是爱我的，希望我长大以后能出人头地，能生活得更好，只不过方式过于古板罢了。其实，心与心的沟通，才是爱的桥梁呀！为什么妈妈不能理解和支持我呢？爱好文学这也是学习呀！我多么需要一份理解和支持！

诚然，最高学府可以助人出人头地，但是古往今来有多少自学成才的志士仁人，用他们辛勤的汗水浇灌出了丰硕的果实：如高尔基没有进过高等学府，但他在文学事业上的辉煌成就使他彪炳史册；再如鲁迅，假若他不弃医从文，又如何能成为世界公认的大文豪呢？

我知道，人生是险峻的。它就像一辆满载乘客的客车，载着人们的期待驶向远方。也许在中途会因不成熟的愿望而抛锚；也许，那开花的心愿又会去寻觅凋零的季节……

我很欣赏道格拉斯的这句格言："你若不能筑大路，那么就修条小径；你若不能

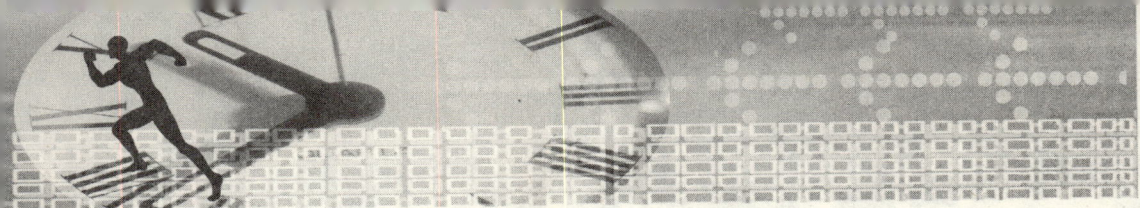

做太阳，那么就做颗星星。"至于未来的一切，我无论干什么都绝不逃避，在时代的路基上，甘做一块小小的铺路石。

尊敬的长辈们，请给我多些理解，少点束缚，让我走自己的路吧！

（刘杏）

心理点评

孩子是天生的哲学家，他们对社会、对人生有着天生的悟性。孩子的人生哲学表面上看比较幼稚，然而绝不比大人们的人生哲学低级。实际上，孩子们在认识世界方面有着大人们所没有的优势。冰心在《小橘灯》中所表达的其实并不仅仅是对某一个小女孩的赞美而是对所有儿童的崇拜之情。只要做父母的不压制不限制，外加一点适当的引导，每一个孩子都会非常清楚地找到自己努力的方向。

大人们"只有考上大学才有出息"之类的所谓肺腑之言不知道让多少孩子迷失了自己的方向。刘杏同学则一直在这种肺腑之言面前保持着自己独立的思考，这是多么难能可贵！而更难能可贵的是她在保持自己思想的同时并没有简单地否定父母的爱子之情。她否定的只是一种不合理的方式！

崇拜我们的孩子吧！因为崇拜孩子就是崇拜我们的过去，也是崇拜我们的将来，更是崇拜我们的希望！

20. 把暑假的主动权还给孩子

2008 年 7 月 3 日　星期四

心情故事：

我们苦学了一个学期，早就盼着能在暑假里彻底放松一下。但愿老师少布置一些作业，但愿爸爸妈妈不要太管我，不要给我报那么多的暑假培训班，别让我"补课补到脑缺氧"！在完成暑假作业之后，我希望有真正的自由：看自己喜爱的书，做自己喜欢做的事。总之，怎么高兴就怎么过。

暑假里，时间一长，就会觉得挺烦。真想和同学到外面旅游，但父母是不会放心的。真希望学校能组织丰富多彩的夏令营，让我们去领略大自然的美好风光，让我们在活动中增长见识，学到本领。还希望在暑假能参加一些有意义的活动，比如"迎奥运演讲比赛"、"智力大比拼"、"社会调查"等活动。

平时以学习为主，难得去外面玩，趁暑假我要去朋友、亲戚家串门，去乡下摘橘子，去外婆家玩，去漳河水库钓鱼，过我的"乡村生活"。

当然，在安排玩的同时，我也不会忘记补习我最薄弱的数学课。

在初一的一年里，我发现我的文学知识贫乏得可怜，同学们都能讲出的桃园三结义故事，我竟然讲不出。我想利用暑假时间好好地看几部文学作品，并做点读书笔记。

（小玮）

心理点评

　　小玮同学设计的暑假计划，不得不让我们感到佩服！在这个计划中，她不仅注意到暑假调整身心、查漏补缺整合知识体系的作用，而且还注意到了暑假参加社会实践的重要性。这些都是极其可贵的。家长们在看了这样的计划之后，还有什么理由不将暑假的主动权还给孩子们呢？可是有些家长总是不相信孩子，总害怕孩子们浪费了宝贵的暑假光阴——其实质是有些家长感受不到孩子自我成长的力量，其结果是一些孩子在抵触与埋怨中真的浪费了大好光阴。

　　将暑假还给孩子，就是不管孩子如何过暑假吗？恰恰相反，在还给孩子以暑假主动权的后面，家长还必须做到：

　　1. 给孩子创造一些真正适合他们的学习与实践机会。社会上的一些暑期培训班十分火爆，但这些培训班是真正为了孩子的成长，还是主要为了缓解家长对孩子的焦虑心情以谋得经济上的收益？而即使某个培训班实在很好，但这个班是否适合自己的孩子？如果家长不能给孩子创造一些既适合孩子又令孩子喜欢的学习与实践机会，孩子的"自由选择权"就成了"无所适从权"！最自由就变成了最不自由！

　　2. 给孩子适当的指导和监督。孩子的计划，家长需要尊重，但孩子的计划中肯定还有不够成熟的地方，比如孩子知道玩与学结合的重要，但究竟如何结合，结合到什么程度，孩子往往不大会把握，这都需要家长予以指导。平时，很多孩子都是在家长和老师安排好的固定程序中运行，忽然进入暑假的自我主宰模式，肯定会有一些适应不良的现象，这更需要家长适当的指导与监督。

　　另外，家长在指导孩子暑假生活的时候特别要注意的是：一定要给孩子一定的空白时间，切不可将孩子所有的时间都安排满。而所谓"空白时间"指的是：既不安排学习内容，也不安排娱乐的内容，让孩子学会享受一段纯粹的空闲时间。这样的安排会让孩子细心地感受自我，增加自我觉察能力，从而提升孩子们的心理健康水平！

　　暑假最重要的意义不在于它给孩子提供多少知识，而在于它给孩子创造的心灵成长契机。在丰富多彩的暑假活动中，孩子们会培养自己更多的爱好，会发现自己更大的潜能，会认识更加精彩的自我！

第二章
同学关系篇

1. 一个中学生人际交往障碍的深度分析

她让老师们很头疼

　　小敏 15 岁，初三学生。从初一年级开始，她就不停地找班主任反映同学们欺负她的问题。因为她是女生，人又老实又听话，所以班主任老师开始是严厉地教训那些欺负她的同学。可后来，班主任也不愿意管了，原因有两点：①别人欺负她的行为在一般的学生看来根本不是问题，比如轻描淡写地说了她几句，比如瞪了她一眼，再比如某同学说她夏天穿的衣服没袖子，她都会痛苦得流泪；②班主任批评那些欺负她的同学之后，她又会主动去给欺负她的同学道歉，甚至用帮助对方做作业或送对方几元钱来讨好之。

　　初三开学没几天，她又找到班主任，说：班上的同学都对她有意见，都看不惯她，欺负她。自己的桌子总被坐在她前面的或者从她座位前经过的同学撞歪，还有许多男生骂她。老师问她："你怎么知道别的同学看不惯你？"她说："我有时将手握成拳头放在桌子上的时候，后面就有人盯着我看，让我很不舒服！"班主任不管怎么安慰她都没有效果。

　　这些还是次要的问题，更主要的问题是：有同学不停地找她"宰钱"。不管班主任老师和政教处主任怎么干涉，总是无法改变现状。不是学校管不了"宰钱"的同学而是无法让她具有起码的自我保护意识——为什么别人单单只"宰"她而不宰别人呢？为什么班主任多次教她学会说"NO"而她就是说不出口呢？

　　班主任老师在无可奈何的情况下将她介绍给我，希望我对她进行心理辅导。

我了解了她的成长背景

家庭情况：爸爸妈妈都是大学毕业，都有一份体面的职业。爸爸还是一家企业的部门负责人。家庭条件在当地属于中等偏上。奶奶是小学教师，在去世以前一直抚养着小敏长大。

教养方式：上中学以前小敏都在奶奶的严格要求下长大，并且有些过于严厉。而在上初中以前小敏都没有和父母在一起生活，因此和父母的感情交流很少。

社交生活：在小学，因为同学们自主意识都不强，而小敏心地又很善良，所以没有遇到什么大的问题。到了初中，基本上没有自己固定的知心朋友，一直是班集体的边缘人。

学业成绩：小学时是中等偏上，到了初中属于下等成绩。小敏自己一直想把成绩赶上去，考上理想的大学报答自己的奶奶。

分析与诊断

遗传因素：在和小敏母亲的接触中，小敏母亲提到自己的母亲，即小敏的奶奶去世时候的事情，马上就流下了眼泪，显示出比一般人要脆弱的性格特点。而这一点和小敏是极其相似的。

个人因素：虽然小敏并不内向，但在人际交往中的神经质倾向则十分明显，甚至在心理冲突十分激烈的时候会表现出神经症的症状。

家庭教育原因：

1. 幼年时期，过早地和父母分离，对小敏今后安全感的建立十分不利。而安全感的缺乏会直接影响正常的人际交往——所谓过分害怕失去朋友相反会失去朋友。

2. 奶奶对她要求很严格，如果她一次忘了写作业，奶奶会生气好长时间。所以，她很怕奶奶生气，从来不敢违背奶奶的意志。

3. 父母对孩子人际交往指导不得要领。她也曾把学校的一些人际关系的问题讲给父母听，但被父亲粗暴地打断，说："只要学习搞好了，谁还会瞧不起你？不要想这些事情，一心搞好学习就行了！"显然，家长对此存在很大的认识误区：实际上对包括小敏在内的许多青少年而言，只有先搞好了人际关系才能搞好学习！而在具体的矛盾冲突发生之后，母亲是教育她忍让，而父亲则要去教训对方。父母态度的不一致，让她无所适从。

辅导策略

1. 要有耐心，并和对方建立一个信任的互不依赖和控制的关系则十分重要。如果让她对我过分依赖就是重复过去的人际关系，只是换了一个依赖对象而已，这种辅导是完全失败的。

2. 帮助她重新认识自我，并逐步树立自信。

3. 给予一定的人际交往的指导。

4. 只有取得小敏父母的配合，这种辅导才会有效果。

辅导经过

1. 帮她认识自己和奶奶的关系，引导她进行自我探索。我说："你觉得你现在的个性和童年有什么联系吗？"她说："我只觉得我小时候很对不起我的奶奶。我现在想起我的奶奶就很内疚。"我说："你内疚什么呢？"她说："有一天下午放学后，我没按照奶奶的要求去做作业，而是出去玩了。奶奶知道后非常生气，一直到了第二天我都感觉到奶奶还在生气。还有，奶奶在患病去世的前一天都还在辅导我的作业，可我的成绩一直都不好。我觉得对不起奶奶。奶奶对我那么好，在几个孙女中间又最喜欢我。"我又问她："你在几个孙女中间是不是最听话的？"她说："是啊！"我说："问题就出在你的听话上！"她表示不能理解。我解释道："这里面就涉及隔代抚养的问题了……"奶奶对孙子的爱往往一不小心就会变成一种束缚！而你的听话其实就是接受了这种束缚。这里，我们丝毫没有责备你奶奶的意思，因为她意识不到自己的爱有时还会有负面的效果。这负面的效果是怎样形成的呢？奶奶对你的严格要求是应该的，但必须有一个度。比如，你一次不按时做家庭作业虽然从学习习惯上讲是不好的，但从自主意识的培养上讲是有价值的。奶奶应该培养你好的学习习惯，更应该培养你的自主意识。批评两句是可以的，长时间地生气则是过分的。也许奶奶根本就没有那么生气，完全是你的心理作用。如果是这样，则表示奶奶的意愿已经主宰了你。你现在还对当时的情景无法忘怀则表示奶奶虽然已经去世了，但奶奶的意愿还主宰着你。在无意识中，你就将童年时和奶奶的相处模式带到了学校，带到了和同学的相处之中。你时刻要注意同学们的感受，你怕同学们对你失望，就好像当初害怕奶奶失望一样。同学们似乎个个都成了你的奶奶。因为怕同学们不理你，你就时刻注意同学们的意愿，唯独没有自己的意愿。你没有了自我，你不知道怎样做你自己。你要走出奶奶的束缚，就要改变和同学们相处的模式：多注意自己的内心需要，少考虑别人怎么看自己。

挣脱奶奶的束缚其实是对奶奶最好的思念。奶奶的在天之灵也会为你的成长而欣慰！

2．在三次咨询之后，她的精神面貌发生了很大的变化，基本上能够用一种理性的方式对待同学们了，一些强迫性的倾向完全消失了。她的脸上开始露出笑容！

但是，仅仅十几天，她出事了。她来找我的时候没有哭泣，只是还像以前一样不停地说："凭什么？凭什么？"原来，班上的一个男生又要她帮忙做家庭作业，她再一次果断地拒绝了。这个男生很恼火，就煽动其他一些男生欺负她，其中还有一个男生踹了她一脚。我问她是如何拒绝对方的无理要求的，她说："我就说了一句'凭什么给你做啊！'"

她知道了拒绝的重要性，但还不会使用一些委婉的拒绝方式。这是我在行为指导上的疏忽，我赶紧给她做了一些指导。针对她的口头禅"凭什么？"我告诉她，这句话其实是一种情绪化的反应，表明你内心的焦虑和紧张。只有学会调节自己的情绪，才能冷静地思考面对人际冲突，找到理性的解决办法。

最后，我给她找了一个和她关系相对好一些、人际交往能力比她强许多又乐于助人的同班同学做她的"人际关系指导师"。这样，对她的一些不正确的人际交往行为，随时都有人帮她纠正了。后来的实践证明：这样的安排是可行的，也是必要的，因为在这之后，她的笑脸明显地比以前灿烂了。

3．和小敏的父母见面详谈。详谈的结果是母亲还比较能够重视孩子的人际交往问题，而父亲则还是认为：人际交往重要，但学习更重要，要先将学习搞上去再谈人际关系，甚至认为只要和几个学习成绩好的同学搞好关系就行了。这样，在家庭教育这一块就一直并没有收到什么成效。这也是这个案例最后无法深入的最根本的原因。

一点遗憾

经过辅导之后，小敏被同学欺负的现象基本上消除，虽然偶尔也还会出现，但不会有什么大的干扰了；不过，小敏和同学们的相处还是有一些距离，并不能真正融入集体之中，学习状态也一直不好。但由于小敏的父亲不配合（父亲在家庭中是起支配作用的），所以辅导无法深入进行。

2. 留点心理边界，友谊才能长久

2008 年 1 月 18 日　星期五

天气： 晴

当下心情： 伤心

心情指数： ★★★★★

心情故事：

我是八年级才转到这个班上的，成绩一般。我性格外向，为人随和，什么人我都玩得来。刚转到这个班，我就在心里对自己说：我一定要和班上同学相处好，不能让他们总觉得我是一个新来的。也正如我期望的，我很快就在新班级中赢得了人缘，大家很快就把我当老朋友一样了。很多同学都愿意找我说心里话，但我并不满足这种泛泛之交，我应该有几个特别知心的朋友。有一个同学，慢慢进入了我的心灵。她成绩非常好，但她从不骄傲，和同学交往也不以分数论英雄。所以，我喜欢她，觉得她一定是个很善解人意、很仗义、值得一交的朋友。尽管我俩不同路，但每天放学后，我都会先送她回家，再转道回自己家。一路上倾心交谈的感觉很好，可是，最近，她忽然对我有点冷淡了，虽然她依然和我说笑，但，我还是觉察出，她在有意拉开我们之间的距离。我觉得她真让我失望，真让我伤心，我觉得我真是看错人了。并且，我觉得在和朋友交往过程中，总是我付出得多，总是别人在伤害我。我不知道我还有没有信心再去相信其他人。

（小云）

心理点评

这是一个典型的人际交往中的心理边界问题。希望朋友间心心相通的愿望是很美好的，也是可以理解的。但一个人就如同一个国家，国家因为有了边界线才成其为国家，而个人正因为有了心理上的边界线才成为一个独立的、独特的人。再好的朋友也不能越过朋友心理上的边界，只是这种边界不像国家间的边界那样严格和明显，而是具有一定弹性的，需要我们用心才能感受到。

朋友间相处，保持一定的心理边界非常重要。每个人都希望得到别人的信任、帮助、同情、欣赏。为此，有的人会毫无保留地向他人敞开心扉，甚至不惜兜出自己的隐私和某些底线；有的人在与朋友相处中自认为是讲义气，你可以随便花我的钱，我可以随便拿你的东西，亲密得像一个人似的，彼此间不设防，没有秘密、没有隐私、没有心理屏障，如此亲密的关系往往都是短命的，到头来因太多的扯不清而心存芥蒂。任何关系都要把握好"度"，才能保证缘分不散。实际上想完完全全地了解一个人既不可能，也是完全没有必要的。君子之交淡如水常常是对心理边界相互尊重的体现；而朋友之间关系恶化甚至反目成仇，往往是心理"越位"惹的祸。

小云同学的好朋友有意拉开彼此的距离其实是为了更好地保持彼此之间的友谊，为了避免彼此之间的伤害。有这样一种说法：好朋友就好比是刺猬，不能离得太远，否则会生疏；又不能太近，否则会将对方刺得伤痕累累。希望小云同学能够理解自己的好朋友，并好好珍惜这一段友情！

3. 别让竞争淹没了友情

2007 年 9 月 16 日　星期日

天气：晴

当下心情：困惑

心情指数：★★★★★

心情故事：

嗯，时间过得真快啊，不知不觉中，一周又过去了……在这一周里，我想了很多。不知道是怎么了，忽然觉得生活是这样乏味，每天，一样地为了考试成绩学习，一样地争论那些无聊到了极点的话题，一样地在对手面前装出一副很谦虚很友好的面孔……我讨厌人的虚伪，可是……不知道是怎么了，我竟然也变得有些虚伪了。在评价对手的时候，只会一味地恭维、赞美，心里却总是说：他（她）有什么了不起？……为什么？难道只是为了让对手放松警惕，自己再一举夺魁么？

不，不是这样的。可为什么要这么做呢？怕自己的真话得罪人？丢掉人气？丢掉友情？很遗憾，我不得不承认，我就是这样的一个人。在班里，我的两个所谓的"好友"，现在只不过是一个代号，深厚的友情在哪里？我看不见！……其实，若没有考试，没有排名，我们三个也许是最好的朋友，可是，为了这些"不值"的东西，彼此的心中早已形成了一道深深的鸿沟，没有谁能跨越……

　　班里的张"才女"说："竞争，有时也是一种动力"，可是，我为了在竞争中获胜，几乎已经淡漠了所有的友情……

（倾诉者：夏天）

心理点评

　　传统观点认为：有竞争就会分出强、弱、高、低，结果必然有输者与赢家。面对竞争时，想胜、乐赢是每个人都期望的结果，害怕竞争带来的失败也是很自然的心理表现。正因为这样，很多人背上了想赢怕输的心理包袱。

　　而现代观点认为：竞争也可以双赢的；赢的不仅仅在结果，更在于过程。如果有了双赢的思想，有了赢在过程的思想，我们就不会过分地关注结果，竞争的过程也就会少一些火药味，多一些人情味了。

　　对于青少年朋友而言，培养现代的理性的竞争意识，不仅是学习的需要，更是成长的需要。只看到竞争，看不到合作；只看到结果的价值，看不到过程的意义，这样的竞争只会让自我孤立起来，走向自我中心的死胡同。

　　当我们想在自己和竞争对手之间挖下一道鸿沟的时候，我们可以想一想：如果和对手相互交流，我们会失去什么，会得到什么？我们也许会失去暂时的排名，但我们会得到永久的排名以及一生的友情！

　　只要运用合理的竞争方式，竞争和友情一定不会矛盾！

4. 成长的痛苦是宝贵的

2007 年 3 月 15 日　星期四

天气：晴

当下心情：烦

心情指数：★★★★★

心情故事：

本来，我一直在家里当小公主，从来没受过什么委屈。因为住宿的同学不停地对我说住宿的好处，我心动了，便把去学校住宿的想法告诉了父母，父母拗不过我，也只好同意了。

刚开始的几天还不错。可渐渐地寝室长就和我作对起来。由于她是寝室长，号召力还很强，便告诉大多数的室友不要和我来往或者干脆也和我作对。从此，我就生活在了孤独之中。一个人独来独去。只有在教室里才可以找到朋友。

我曾多次想过，我到底做错了什么。是不是因为我看透了她的心思而对我怀恨在心呢？她实在就是一个傲慢而爱显摆的人啊！多少次，我与她经过口水战之后，我都是心负重伤。我的心在流血，好痛好痛！

我不想住宿了。我告诉别的同学，她们都说学校规定必须要住到放假。我失望了。漫漫几个月，我挺不过来啊！

星期五来临了，我高兴极了！我终于可以回家了。可我走的当天，我的心还带着伤口。那次月考，我考了80分，她考了61分，她的好朋友考了74分，都没我高。我那天很快乐。我带着自豪的语气对她们说："我考了80分。"她们却说："是啊！你考得好高啊！我们这些垃圾才刚考几分呢！但不知道某人是不是作弊哦！"当时，我气极了，说道："你才作弊呢！"她马上反驳："你激动什么？我也没有说你。别那么自作多情呀！"我气得飞奔出寝室，隐约听到一阵冷冷的奸笑声，似乎感到了她们的指指点点。

放学后，回到家里，我向父母说起这件事情。可父母不但不为我说话，还要我和她交朋友。天啊！这怎么可以！

我想转寝室，终究不能如愿。我真的好烦恼。明明在寝室里我可以好好说话的，但现在只能低声下气。我受不了了，我不甘心，我不愿意！天啊！我该怎么办？怎么办？

心理点评

一个家庭的小公主忽然到了一个人人都是公主的寝室环境，如果不及时地变"自我中心"为适当的"他人中心"，则必然会遇到人际关系的问题。寝室长是什么样的人？真的就是一个显摆和傲慢的人？你在考分比较低的同学面前显示自己的分数，就不是显摆吗？当你为自己的成功感到快乐的时候，你是否能感受到失败的同学的痛苦呢？在感受自己的痛苦与快乐的时候无法去感受别人的痛苦与快乐，是一种情商的欠缺，更是"自我中心"的体现。

父母要你和吵架的同学交朋友的建议是很明智的！学校不准一些暂时不能适应住宿环境的学生中途逃走的做法也是很正确的！因为，在适应环境的过程中产生的矛盾、体验到的痛苦都是很珍贵的。

直面这些矛盾和痛苦，不逃避，你才能够真正地长大。

5. 给自我注入能量

2007 年 9 月 14 日　　星期五

天气：晴

当下心情：郁闷

心情指数：★★★★★★

心情故事：

我是一个性格内向的男孩，给人的感觉是比较老实的那一种。可是老实人的日子未必过得平静。我最近就被一件事情纠缠着。

他是我们班里有名的混混，老师怕他影响大家的学习，让他坐在班级的最后面。我从来没有得罪过他，可是不知道怎么搞的，他似乎很喜欢和我过不去，总是有事没事以侮辱和挑衅我取乐。我不愿意惹事，或者说是有点软弱，心想，能忍就忍吧，也许过几天他寻到新的目标就好了。可是，我的好日子迟迟不肯到来，他对我越来越过分。有一天，他当着全班同学的面，大声地骂我很难听的话。我实在忍无可忍了，就回击了几句。他当时愣住了，似乎很惊讶我会反击他。

事情就这样过去了，我以为他会因此有所收敛，没想到，过了几天，他竟然在上课的时候坐在座位上骂我，声音很大，反正我能听见。后来，除了班主任的课，其他老师的课他根本就不放在眼里，想骂就骂，搞得我根本无法安心学习。我心里非常气愤，不光是因为他骂我，更气的是为什么就没有老师制止他？我坐在前排都能听得很清楚，难道站在讲台上的老师就一点听不见吗？

现在我时常心情烦躁，感到活得一点面子都没有。我不能原谅我自己了！

（倾诉者：王斌）

心理点评

又没有招惹谁，却要不断地被人辱骂和挑衅，这样的事情发生在谁的身上都免不了烦躁和郁闷。当困境出现的时候，我们往往会去寻找原因。王斌同学把原因主要归于"混混"的蛮横，老师的听之任之上。当然，这些是客观存在的，只不过那是外部因素。最主要的则应该是王斌同学的内部因素在起作用，即是他的一贯的退缩和忍让促进了对方的强悍与冒犯，而他偶尔的一点反击并不能从心理上威慑到对方，相反还激发了对方进逼的欲望。

那么，王斌同学该怎么办呢？是继续反抗？还是忍受？

答案是肯定要选择前者。但在继续反抗之前，他需要给自我注入一定的能量，使自我走出软弱，变得坚强起来！

要给自我注入能量，首先要学会交流沟通。在交流沟通中获得心理上的支持。具体来讲，就是要先和老师沟通，说出自己受欺负的心理感受以及希望得到老师帮助的愿望。相信老师了解了你的情况之后，一定会帮助你的。同时还要和父母、同学沟通，让他们给你出谋划策，给你在背后撑腰。

给自我注入能量，还要敢于面对挑战适当地改变自己的行为。行为的改变可以带来心理素质的改变。你如果软弱，可以从行为上武装自己：遇见你有点害怕的人，不要绕道走，而是直迎着对方过去；身体站直，挺直了胸膛和对方讲话；讲话时盯着对方的眼睛；说话的声音在关键的时候要洪亮，同时要善于运用沉默的武器；不要轻易说"对不起"等。

给自我注入能量，要学会适当地表达情感与情绪。软弱的人大多没有当众发怒的体验。而能够适时适当地当众发怒则是一种强大的表现。有可能一开始这么做，你会很不习惯，那么可以先在家里对着镜子练："你想干什么？""你凭什么欺负人？"等等。

给自我注入能量，还需要学会调节情绪。像"我不能原谅我自己"之类的话其实就是一种消极情绪的反应。如果不能及时调整，自我的能力就会明显下降。当然，调节情绪的方法有很多，如运动、娱乐、和好朋友聊天等。这里就不一一介绍了。

6. 渴望被人欺负的男生

2007 年 9 月 23 日　星期五

天气：晴

当下心情：困惑

心情指数：★★★★★

心情故事：

　　冯小哲在我们班是一个被欺负的对象。男生都喜欢欺负他。有时，男同学们会一涌而上将他压在人堆里面，直到他连喊救命的声音都发不出来为止；有时，会有许多同学一起向他的脑袋投射粉笔，而他就抱着脑袋蹲在地上任人投射；还有些喜欢整人的同学经常用手指着他说："快下跪求饶，否则就打死你！"他立马就会跪下，并且不停地说："求你饶了我吧！求你饶了我吧！"还有更绝的，甲同学和乙同学闹了矛盾，甲同学就走到冯小哲面前说："你赶快去打乙同学，否则就打死你！"冯小哲果然就上去要打乙，结果当然是他又被打了一顿。他似乎从来就不知道吸取教训。

　　听小学的同学讲，从上小学一年级开始，他的爸爸就开始给老师打招呼，要同学们不要欺负他的儿子，但是，冯小哲还是从小学到初中一直被同学欺负着。班主任周老师在我们进入初中的第一天就宣布了一条禁令：谁也不准欺负冯小哲！而宣布禁令的第二天，同学们就开始不断地欺负他了。原因是什么？不是同学们太不听话，而是冯小哲实在太贱。下课的时候，他总会突然打你一下，然后马上就跑开。上课的时候，也会趁你不注意向你抛一个纸团。而你只要一抓住他，他马上躺在地上大喊大叫，声音十分恐怖，好像真有人要谋害他似的。如果，这时有老师来，他马上会躲在老师的背后，样子十分可怜。老师当然会把欺负他的同学臭骂一顿。但老师一离开，他立刻又蹦又跳，十分"爽"的样子。

　　时间长了，班主任周老师也懒得管了。这样，全班的男同学像得到了默认许可似的，全去欺负他了。他就成天在同学们的欺负中悲惨地叫着喊着。而叫过喊过之后，他又是一样地快快乐乐、嘻嘻哈哈，一点都看不出他曾经被欺负的样子。他就像一个玩具一样，供我们玩耍着，我们都很开心。但是，有一天，心理健康课的肖老师知道了这个情况后，对我们说："其实，你们也是他的玩具！"这句话，让我们非常震惊！

冯小哲还非常喜欢不停地对我们男生说，他和哪个女生很好，要和哪个女生结婚了，中间还夹杂着许多荤话，引来同学们一阵阵的哄笑。也不知道从什么时候开始，在他说完荤话之后，同学们就会蜂拥而上，围着他要他脱下裤子。虽然每次都不会真的脱下来，但总要脱一点，吓得女生们都蒙着脸不敢睁开眼。

冯小哲是我所见到的最不可思议的人。

心理点评

故事中的冯小哲是一个被别人玩的人，但也是一个玩别人的人。只是他得到快乐的方式和别人是相反的。别人以控制人为乐趣，而他以被别人控制为乐趣。如果有人长期控制别人，有时可能是被控制的人存在被控制的需要。人类几千年的文明史从某种角度来思考，也不过是控制与被控制或者是控制与反控制的历史。

这种自我意识失去支撑，只有以自我的被控制来代替自我意识的倾向，将直接威胁到正常人格的形成。如果家长不引起重视并改变其行为方式，将极有可能形成人格障碍。而这种倾向又和家庭教育有着密切的联系，甚至可以这样说：孩子在学校渴望被控制正是因为他习惯了在家里被控制。要改变这种局面，必须从改变家庭教育模式为突破口。据了解，冯小哲的父亲基本不管孩子，完全交给母亲去管教。而母亲的管教方式又常常走极端：心情好的时候，对孩子百般溺爱，心情不好的时候就用鞭子抽孩子，而且还要将他的衣服脱光之后赤条条地抽打。有时，冯小哲受不了了，就赤身裸体地往外面跑。这种情况一直持续到上初中。无论溺爱还是专制都和母亲深层次的控制欲有关。在溺爱加专制的家庭教育模式中，孩子的人格出现一定的偏差就很容易理解了。因此，要想矫正人格偏差，除了父亲必须充分承担起教育孩子的重任，平时和孩子多接触，使孩子心目中有一个可供模仿的男子汉榜样之外，最关键的就是母亲必须学会尊重儿子的人格，只有尊重孩子的人格才可能培养孩子的人格。而要真正地尊重其人格就必须转变教育方式：变专制的方式为民主的方式，变溺爱的方式为适度爱的方式。

现在，校园暴力已经是一个很普遍的话题。在如何消除校园暴力方面，人们思考最多的是施暴者的深层心理，而对受暴者的心理缺乏深入的认识。从冯小哲的故事中，我们是不是可以得到这样的启示：消除校园暴力，加强对施暴者的法制教育和心理辅导很重要，而关注受暴者的深层心理，改善受暴者的家庭教育环境使其增强人格的力量也是同等重要的。

另外，冯小哲同学和其他同学一样正是处于对"性"感到十分好奇的阶段，对

"性"有一些特别关注都是正常的。但如果频繁地利用语言来刺激自己的性意识，寻求精神上的性满足，那么其人格很可能同时为性的刺激所控制。无论是将人格交给他人控制，还是交给"性"刺激所控制，都是非常糟糕的！

这里，除了学校要加强青春期的性教育之外，孩子的父亲需要以一个男人与另一个男人进行交流的方式来引导孩子，陪伴他顺利走过这段"多事"的季节！

7. 圈里圈外都是情

2007 年 9 月 5 日　星期三
天气：晴
当下心情：困惑
心情指数：★★★★★★
心情故事：

自从我上初中以来，我对周围的一些事情都还满意。比如说，我们学校的环境很好，学习上也算过得去，只是有一件事情让我不知所措，不懂得如何去处理，它就是人际关系。

刚上初中的时候，同学们相互之间不是很熟悉，彼此之间都有些距离，但后来，班上开始形成大大小小的"圈子"。所谓"圈子"，就是指几个志趣相投的同学在一起学习一起玩耍。这个圈子里的同学一般都是形影不离，跟其他圈子里的人还保持着一定的距离。

我和班上的另外三个同学就组成了一个圈子。我们四个不仅同班，而且同寝室，所以，我们在一起的时间很多，感情很深厚。我们在学习上互帮互助，你追我赶，关系非常融洽。圈外的人见了，都羡慕地称我们为"四人帮"。我们听了，就会相视一笑。

后来，我们之间发生了一些争吵，我们之间再也没有那种默契与和谐了。虽然如此，我们都还保持着原来的亲密关系，因为我们都知道，"知音难求"，我们不想失去友谊。

但自从她出现以后，情况就完全变了。我感觉友谊正离我们而去，直到最后，

"四人帮"解散了。准确地说，是我被"淘汰出局"，而她加入了。

我感到很伤心，但我并不怨她，因为我知道，是我和她们三个的友谊还不够深厚。表面上看起来，我们的友谊很坚硬，可实际上就像一件精美的玻璃娃娃，一碰就会碎。

现在，我又有了自己新的圈子。我和新朋友们相处得很愉快。只是有时看到她们会有些尴尬。我想在毕业之前与她们重归于好，可我又不知道如何开口啊！

![心理点评]

人际交往中，圈子的重新组合是十分正常的。特别是青少年在自我意识还不是十分稳定的情况下，圈子适当的变化其实对自己的成长有好处，它可以让我们对朋友对自己有更全面更深刻的认识。

有时，我们离开这个圈子，并不是我们做得不好，也不是圈子里的人有问题，而是我们需要更适合自己的圈子。我们是为了自身的价值而活，而不是为了某个圈子而活！

认识到了这一点，我们就可以很坦然地面对过去圈子里的老朋友，并且真诚地对他们说一句："感谢你们陪伴我走过的每一段美好时光！"

8. 学会用海德的平衡理论认识人际冲突

2006 年 4 月 3 日　　星期一

天气：晴

当下心情：困惑

心情指数：★★★★★

心情故事：

王炜应该是我在这个班上最好的朋友了，我们却常常闹矛盾。就在刚才还正闹别扭呢！不过现在已经好了。每回我和她闹矛盾的原因都是因为她说我不理她，只和别人玩，或者说她现在觉得我没把她当朋友了。

记得有一次课间，王炜喊我去那边和她玩。可那时章蓉正在问我问题，让我帮她解答。我怕王炜又会生气，所以尽量朝她那边多望了几眼，意思是告诉她等一下。可等我去找她的时候，她又不理我了。下午上完体育课之后，她把我拉到一个偏僻的角落里，生气地问我是不是不想和她玩了，每回总是不理她。说完，她还哭了。我解释了一切，但并没有得到她的谅解。我感到十分内疚。后来，我对章蓉说起我的烦恼，还稍加生气地说："什么叫只和别人玩，不理她？我大部分时间都在和她玩，很少和别人玩啊！"章蓉说，王炜可能是太在乎我，不想失去我这个朋友，她以前也有过这种感受，我想也是。

好烦！为什么经常和朋友发生这样的事情？是我自己做得太差？不是。是自己太好？好像也不至于。那为什么我的好朋友一定要独自拥有我？我和别人有什么太大的区别吗？还是我处理人际关系的能力太差？

（刘新月）

心理点评

这里需要介绍一下社会心理学中著名的海德（F.Heider，1958）的平衡理论。

这个理论重视人与人之间的相互影响在态度转变中的作用。海德认为，在人们的态度系统中存在某些情感因素之间或评价因素之间趋于一致的压力，如果出现不平衡，则倾向于朝平衡转化。人们在转变态度时，往往遵循"费力最小原则"，即个体尽可能少地转变情感因素而维持态度平衡。

海德提出了一个 P－O－X 模型说明他的观点，如图。

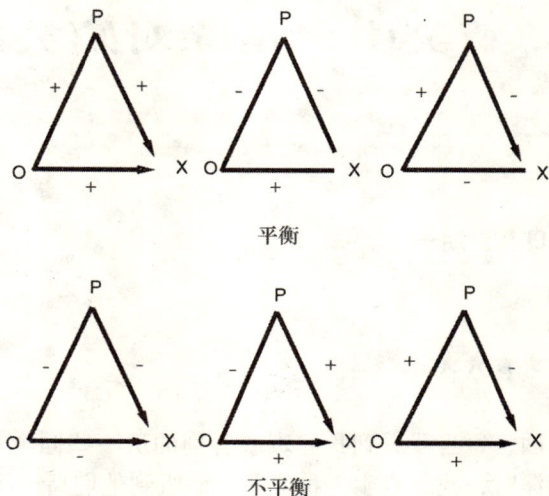

海德的 P－O－X 模式图

图中三角形的 3 个顶点分别代表个体（P）、他人（O）以及另一个对象（X）。X可能是一个人或者一个事物。三角形的三个边表示 P、O、X 三者之间的关系，它有两种形式，肯定关系和否定关系，分别以"＋"、"－"号表示。海德指出，"如果三种关系从各方面看都是肯定的，或两种是否定的，一种是肯定的，则存在平衡状态"。相反，三种关系都是否定的，或者两种关系是肯定的，一种是否定的，则存在不平衡状态。

在刘新月、王炜、章蓉三者之间，我们可以将王炜视为认知的主体P，将刘新月和章蓉分别视为两个态度对象O与X。对照模式图，你就会发现，你们之间的关系正好处于不平衡图中的第三种模式。王炜（P）对你（O）充分接纳和喜欢的，但对章蓉（X）是不能接纳的甚至是排斥的（如果不是这样，她完全可以走过去关心一下啊！），而你（O）对章蓉（X）又是喜欢的。这样，在王炜（P）的心里就产生了不平衡。因为要改变这种不平衡，所以王炜（P）在无意识之中运用感情打动的办法希望你也来排斥章蓉（X），这样就可以达到平衡图中的第三种模式，维持一种弱平衡。而实际上，还有一种强平衡，就是平衡图中的第一种模式，就是如何帮助王炜（P）也充分地接纳章蓉（X），使你们三人之间都形成一种相互喜欢的关系。这样，你就没有目前的烦恼了。

9. 嬉笑中，消除对嬉笑的厌恶

2007年3月19日　星期一

天气：晴

当下心情：郁闷

心情指数：★★★★★★

心情故事：

不知道是什么原因，每当我看到我们班或者别的班一些同学一天到晚无所事事不搞学习到处插科打浑时，我就心生一种厌恶。而听到他们高谈阔论或者大声嬉笑，我就觉得他们的声音特别刺耳，只觉得心里特别烦。可能是因为对差生的一种发自内心的鄙夷，也可能是别的原因，我希望不要听到他们的声音，可是，我知道这不可能！因此，我只有想办法保持心情愉快不受他们的影响了。我不知道我能不能做到看到他们自甘堕落而自己心如止水。

（倾诉者：陈雨丝）

心理点评

　　我想：你说的嬉笑打闹主要是发生在课间吧？其实，只要不违反校纪校规，你不妨放下思想顾虑和他们尽情打闹一番。也许，你会发现，打闹嬉笑之后，心情会变得开朗，学习效率也会提高啊！

　　你对于所谓"差生"的歧视一定来源于成人世界的偏见吧！那是十分有害的。它只会逐步拉大你和这个世界的距离。而拉大距离的结果是什么呢？是自己越出色，心灵越孤独，越难找到心灵的归属感。这也正是一些人成功却并不快乐的主要原因。

你愿意做这样的人吗？

我们再来看你的厌恶心理。其实，你的厌恶心理并不一定来源于歧视心理，而主要是一种心理学上的反向作用的表现。有时，当一个人产生了某种欲望（如一个中学生产生了嬉笑打闹的欲望是非常正常的），可是这种欲望的满足会导致焦虑（潜意识层面中想打闹，意识层面却坚信某个权威者的话：学生在学校里打闹嬉笑就是堕落就不是好学生），那么这个人就会用与这种欲望相反的行为（厌恶鄙视打闹的同学）来压制自己的欲望，消除焦虑。但是对于一个中学生来说，压抑自己的天性不但很困难，焦虑不大容易消除，而且压抑之后容易出现一些神经质倾向，对心理健康很不利。

因此陈雨丝最好的做法是在不违背学校纪律的前提下，放下思想顾虑，尝试着加入同学们嬉笑打闹的队伍中尽情享受校园生活的乐趣。也许你会很快发现，打闹嬉笑之后，心情变得更开朗了，学习效率也会提高。

10. 面对绰号要掌握"喂美食"的主动权

当下心情： 苦恼
心情指数： ★★★★★
心情故事：

我们班的同学都喜欢给别人取绰号，因为他们觉得很好玩。他们不仅给同学取，还给每一位老师取。比如，班主任的绰号叫"黑老大"，因为他长得黑，又很铁腕；语文老师的绰号叫"夫子"，因为他戴着眼镜还喜欢之乎者也；历史老师的绰号叫"王秃子"，因为他姓王，头有些秃顶了；英语外教的绰号叫"金刚老外"，因为他的身体实在太庞大了；英语老师的绰号叫"企鹅"，因为他很胖，走路时上半身还左摇右晃。

而在同学之中，我的绰号则特别的多，并且都是一些很特别的绰号。比如，因为我的乳名中有个"丹"字，他们就叫我"乔丹"。这还不算，因为我的皮肤很白，他们就经常很诧异地问："乔丹，你的皮肤好白！是换了皮的吧？"谁不知道乔丹是个黑人呢？而当我打乒乓球的时候，他们又会叫："乔丹不打篮球，改打乒乓球了！"

当某个同学灵感忽然降临给我取了一个特别的绰号之后，并不是他当时喊一喊就算了，而是喊了之后就在我身上生根了，见到我就喊，之后还要到处宣传，直到认识我的人都知道我的绰号为止。所以，现在除了班上的部分女生，很少有同学喊我的真名了。有时我甚至怀疑我的真名究竟还是不是真名。

我为了不让他们喊我的绰号，经常和他们红脸，吵架。吵架之后，他们还真的不喊这个绰号，可他们又换了另一个绰号喊，搞得我很烦很烦。

我以前没绰号的时候，也会经常叫别人的绰号，不叫名字。但如果看见别人生气了就不叫了。可为什么我越生气，别人越要叫我的绰号呢？

因为有了被别人叫绰号的痛苦，所以，我已经不再叫别人的绰号了。我多么希望同学们能像我一样，不要叫别人的绰号，因为我真的很痛苦！

(小俊)

心理点评

我们先来了解一下心理学行为主义理论的一个著名实验：训练小白鼠学习压杆的动作。

放小白鼠的笼子里，有一根小杆，为了让小白鼠学会主动压杆，心理学家在小白鼠偶尔压到小杆之后会给它一块美味的食物。尝到甜头之后，小白鼠明白了原来压杠就可以得到美食，于是慢慢地就学会了主动压杠。我们的很多行为之所以能够持续下来，就是因为这个行为给自己带来了好处。对于喊绰号的同学来说，看着别人被气得脸色发红，实在是一件很快乐的事情。而你的生气吵架，其实就是在强化对方喊绰号的行为，是在给对方"喂美食"。你和他生气吵架实际上是和他在进行一种游戏互动，这会让对方感到喊绰号很有趣。你不断地生气、和大家吵架，就等于在不断地给对方"喂美食"，这样你就陷入了生气吵架越厉害，同学们喊你绰号就越不可阻挡的怪圈。

如果取消互动（即行为主义的强化消退），对喊绰号的同学不理不睬，而对喊自己真名的同学热情回应，喊绰号的趣味就会大打折扣。长期缺乏互动，喊绰号的游戏也就慢慢消失了。

值得注意的是，对于没有恶意的绰号，老师、同学都没有必要太在意。有时，互相之间取绰号也是同学们在单调的学习中的一种调节呢。所以，给不给别人喊绰号的行为"喂美食"，还要根据自己的实际情况而定。只要自己掌握了"喂美食"的主动权，你一定会更快乐！

11. 低自尊是被同学欺负的根源

2007 年 10 月 28 日　星期日

天气：晴

当下心情：痛苦

心情指数：★★★★★★

心情故事：

　　每天下课后，总有很多同学到我的座位旁找我的碴儿，有时他们还用面包渣砸我。我要他们不要砸，他们总是不听，继续砸我。我越是说不要砸，他们砸得就越凶越狠。还有比这更狠的，那就是每天下晚自习后，我都不敢在教室里多停留一分钟。否则，被那几个同学逮到后就是一顿打。所以，我必须要在他们走之前离开教室。有一次，我走得迟了一点，结果就被他们打了。打我的不仅有我们班的男生，还有我们班的女生。每次只要他们一打我，我也不知道为什么马上就哭了起来，就像幼儿园的小朋友一样。他们打我时，我感觉自己就像一个乞丐，心里真不是滋味。我有点想还手，但我又不想伤害他们。说实话，每次他们打我后，虽然我都在哭，但我心里并没有责怪他们，也不知道是为什么，心里没有怨恨。也不知道我当时心里在想什么。

　　我记得，上小学的时候，他们也这样欺负我。每次都是老师出面之后，他们才会停止。但是，老师出面之后，马上会告诉我的爸爸妈妈。而我的爸爸妈妈知道之后，就会骂我一顿，甚至还会打我。爸爸妈妈总是说：别人有再多的错，自己也肯定有错。

　　同学们打我的时候，没有一个人帮我，只有班长有时会管一下，帮我赶走他们。实在是赶不走的时候，她就背着我的书包拉着我离开教室。我那时虽然在哭，但心里还是知道的，她对我好！我们离开教室的时候，还是有一些男生跟在后面，随时准备打我，她就扶着我，并转过身来说："她是一个女生，你们明知道她打不过你们，你们为什么还要打她啊？"他们就说："我们打她，不关你的事！"说着就推开了班长。而她被推开之后又马上回到我旁边。这时，我就觉得，我不是一个人在孤军奋战。我的身旁还有一个人在支持我，鼓励我。后来，他们终于散了。班长就扶着我下了楼，出了校门。因为我和她不同路，我就对她说："谢谢你，今天要不是你的话……"班长笑着说："咱们是同学，互相帮助是应该的，谢什么呢？"我也笑着说："那你快回去吧，免得你爸爸妈妈担心！"班长就说："那好啊！那你一个人要当心啊！"我点点头。望着她的背影，我微微地笑了。

（张英）

很明显，张英同学不断地被全班同学欺负的根源在于她内心的低自尊。"我感觉自己就像一个乞丐"、"我心里并没有责怪他们"等心理活动就很清晰地显示了她自我价值感的极度缺乏。

而她的低自尊又主要来源于她所受到的家庭教育。当一个孩子和其他的孩子发生矛盾甚至冲突的时候，做家长的不能袒护自己的孩子，要和孩子客观地分析双方的原因，同时还必须给孩子一定的心理安慰，让孩子感觉到自己存在的尊严和价值。很显然，张英同学的家长在矛盾冲突发生之后粗暴地打骂自己孩子的做法很不理智。

张英同学要改善目前的处境，首先要认识到低自尊对自己的成长是极其不利的。低自尊心理不仅影响了正常的人际关系，严重干扰了学习生活，而且还会对今后的婚姻事业等方面产生较大的负面影响。

其次，要提高自己的人际关系期望水平，学会让同学们欣赏自己。期望水平过高不好，而期望过低，同样是不可取的。所谓提高期望水平，就是针对后者而言的。心理学的研究揭示了一种被称为"预期自我实现"的现象：对于未来行为或事件的预期由于预期本身的影响而成为现实。研究显示，我们对生活的期望怎样，能够在实际上对生活发展的方式产生某些影响。"预期自我实现"现象既可以是积极的，也可以是消极的。乐观主义者对生活抱着积极的信念和预期，从而认为挫折是暂时的，在困境中坚忍不拔直至达到他们的目标。这是积极的"预期自我实现"。而对许多低自尊者来说则是消极的"预期自我实现"，这使他们深受其害。低自尊往往对自己的表现（如一次考试，一次社交，一次招聘面试，和同学们的交往）抱着消极的期望，这导致他们感到焦虑，对挑战准备不足，从而加大失败的可能性。当他们失败时，他们经常责备自己，给已残破的自尊心又一次打击。于是，在低自尊与不良的表现之间形成一种恶性循环。这种恶性循环，就是消极的"预期自我实现"所造成的。认识心理学所揭示的"预期自我实现"现象及其机理，提高期望水平，增强成功信心，努力争取良好表现，正是打破这种恶性循环，促进自尊并建立良性循环的一条重要途径。具体来说，张英同学需要提高的就是和同学友好相处的期望水平——要相信绝大部分同学们都会喜欢你。再者，还要学会客观地分析矛盾冲突产生的原因——既不能将问题全部归咎于别人，也不能全部归罪于自己，并逐步实现人际关系的改善。

最后，还需要老师与家长沟通，让家长认识到其教育方式上的缺点，并注意在家庭教育中培养孩子的自尊心。

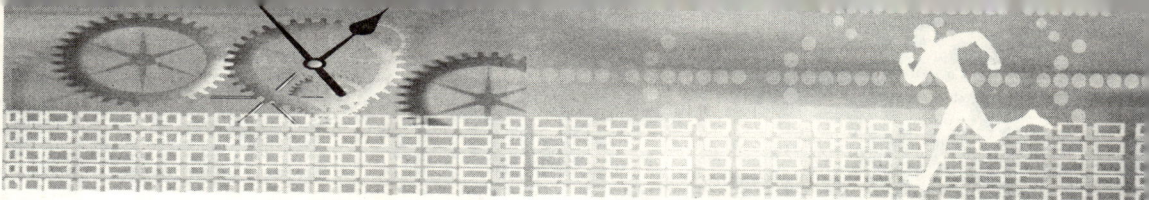

12. 认清心中的 "假想敌"

2007 年 9 月 24 日　星期一

天气：晴

当下心情：痛苦

心情指数：★★★★★

心情故事：

　　我有一个好朋友，相处八年了，我们在一起相互帮助，犹如亲兄弟。可自从进入高中后，我们之间就产生了矛盾，关系一日不如一日，成了名副其实的死对头。不知道为什么，他总是喜欢在别人面前把我的一些丢面子的事说出来，讽刺我。更可气的是，他还有意地讨好我身边的一些女孩子，以至于她们都不愿意和我玩了。

　　我现在越来越害怕，本能地排斥和他在一起，怕自己的糗事被他知道，怕自己的朋友被他拉拢过去。做事也特别地小心翼翼，生怕他抓住把柄又来 "攻击" 我。

　　我俩已经很久没有说话了。在一些不知情的同学眼里，我和他还是最要好的朋友，可实际上，我们早已经形同路人。也许正因为僵局的存在，我才会更有劲头，努力学习，不甘心让他超过我。我也知道他暗暗地和我对抗，而结果总是他输给我，而且差距很大。虽然我胜利了，但我心里一直很不是滋味。我不知道好朋友之间的 "斗争" 什么时候才能结束。

心理点拨

　　"在人的一生中，没有哪个时期，会比青春期更加强烈地渴望被理解，没有任何人会像青年那样沉陷于孤独之中。" 德国斯普兰格的这番话也许正好道出了你的心声，显示了你对于同学友情的渴望。友情不仅使你被接纳、理解、关心、喜爱，尤其是与知心朋友的亲密交往，还可以使你产生心灵上的慰藉。有学者认为，青春期的同学关系可能要超过师生关系和亲子关系的影响，是青少年社会化的主要因素之一。因此，培养自己和同学的交往能力应该是和学习科学文化知识同等重要的大事。

但你并没有深刻地认识到培养人际交往能力的极其重要性，以至于同学关系出现某种危机（你身边的女孩子都不愿意和你玩了，你身边的好朋友也在疏远你）的时候还意识不到自己需要改进的地方，而简单地将原因归结于一个并不大真实的假想敌——那个和你相处了八年的朋友！为什么说这个"假想敌"是不大真实的，而不说是根本不存在的呢？这是因为，同学之间本来就是友谊和竞争并存的。良性的竞争不仅不会损害友谊，相反还会增进友谊。而同学之间的竞争不仅表现在学习上，同时还表现在人际交往上。很遗憾的是，像许多只顾埋头学习的尖子生一样，你可能只注重了学习上的竞争而忽视了人际交往的竞争。而当自己在人际关系竞争中明显处于劣势的时候，不是主动地去改善关系积极地去学习交往技巧，而是消极地排斥那个在人际关系中明显处于优势的人，并且在无意识中将这个人当作自己人际关系危机的替罪羊。我们退一步讲，即使这个人是对你别有用心，但如果你和周围同学的关系非常融洽的话，他应该是很难得逞的。

你一直希望用学习上的竞争代替人际关系上的竞争。这是你最大的认识误区，这正是你学习上胜利了却仍不开心的原因。

认识到自己的误区之后，我希望你大声对自己说：学习上我要去竞争！人际关系上我也要去竞争！只是这种竞争更多地体现为合作能力的竞争。在合作与竞争之中，我们的友谊之花才会开得格外绚丽！

13．他为什么不会拒绝

2008 年 1 月 13 日　星期日

天气：晴

当下心情：迷惑

心情指数：★★★★★★

心情故事：

我是班上唯一的走读生。住校生平时是不能出校门的。同学们都要我帮忙带东西，先是开学初带资料，我觉得挺高兴的，因为，我只是做了个顺手人情，就能获得同学们对我的好感。我是很在意同学们对我的看法的。后来，不仅有要我带文具的（外面卖的比学校商店的要便宜一点点），还有要我带早点的，学校是不允许的，还有要带小玩意、小饰品的，基本上天天都要完成任务似的。家长把我寄托在别人家里托管，是为了给我创造一个好的学习环境，可是，我每天都会花很多时间去学校外面的小店里，为同学们挑选他们需要的东西。有次，一位同学要我给他带一个玩具绒毛熊，还被班主任发现了。班主任在班上说：不许随便让走读生带东西，也要我不要随便给他们带。但他们还是会背着老师求我给他们带，看他们求我的时候挺可怜的，我就会答应。让我很烦恼的是不光在这件事，我经常会违心地帮助别人，在其他事上，我也经常不会拒绝。

青春期的学生因为自我意识的觉醒从而非常关注自己在别人（特别是同龄人）心中的地位，希望找到自我的价值。这本是十分正常且十分可喜的事情。如果过分的关注，过分地害怕呢？相反会失去自我。这其中深层次的原因可能是因为自我还不能在集体中找到归属感和认同感而又太急于得到同学们的认同，自然地，你就害怕失去任何一次与同学们进行情感连接的机会——也就表现为不会拒绝了。但是，你越担心失去，你越会失去，越难在同学中获得认同；而越是失去，你就越担心失去，从而进入一种恶性循环。

要解决这个问题，关键是要抛弃和所有同龄人都建立起亲密关系的不合理想法，学会去和你喜欢的某几个同龄人建立非常亲密的情感关系——和其他的同龄人则是建立一般的情感关系。只有这样你才可能在集体中得到真正的认同，才能真正体会到自己在集体中的价值，才会自如地去拒绝某些你本不该答应的事情。

而至于哪些忙是可以帮的，哪些忙是不可以帮的。相信只要你在同学交往中获得了归属感和认同感之后，你一定会很好地处理的。

14. 我怕自己那"非真诚的笑"

2008 年 3 月 9 日　星期日

天气：晴

心情故事：

高一的时候，我是个无忧无虑的女孩，张口就笑。那时的我让现在的我羡慕不已。现在的我，几乎没有真正笑过一次。每当和同学说笑时，我感觉我是"嘴笑脸不笑"，真的好难受。我很想开开心心地笑，可就是笑不出来了。同学们在一起聊天，我不敢加入，我怕我那"非真诚的笑"让她们越来越讨厌我。

（小琼）

想笑就笑，想不笑就不要笑；想假笑，就假笑；想真诚地笑就真诚地笑；甚至，想阴险地笑就阴险地干笑几声吧。也许你的阴笑会很有个性哦！再说，即使你很阴险又能阴险到什么地方呢？而你这所谓的"真诚"、"虚假"、"阴险"其实都不过是你心中的一些特殊的心理标签而已，并不代表道德上的某种含义。比如，你担心自己不够真诚，也许是代表你和同学的关系还不够融洽，也许是代表你还不够自信，担心同学们不能完全接纳你。所以，此时的你必须从所谓"真诚"与"虚伪"的假象中超脱出来，看到自己真实的内心，看到自己真正的问题所在，进一步培养自信，进一步改善与同学的关系。当自己真正有了自信，并感到同学们真正接纳自己了，即使嘴不笑，你的心也会笑个不停啊！

15．总怕别人超过自己

2008 年 2 月 13 日　星期三

天气：晴

当下心情：迷惑

心情指数：★★★★★

心情故事：

读小学的时候，我有一个竞争对手，大家在学习上相互竞争，对彼此的学习都很有促进，我们都很开心。上了初中之后，我遇到了一个在学习上和我旗鼓相当的同桌，我也就很自然地将她看做了我的竞争对手。可这次，我没有从竞争中找到一点乐趣，相反是增添了无尽的烦恼。比如，在做题的时候，我总要注意看她做出来没有。如果我做出来了，她也做出来了，我就感到很不是滋味；如果她做出来了，而我没做出来，我就十分烦躁，甚至感到丢脸，很久不能安静地做题。再比如有时上课抄笔记，偶尔同桌走了一会神忘记了记笔记，而恰巧这时候老师又强调必须记笔记。此时我就会下意识地捂住笔记本不让她看。平时我还不希望她知道我看什么书做什么资料，因为我害怕她的学习成绩超过我。有时候我在心里说：宁让我负天下人，也不让天下人负我！但我又很怀念小学时的那个竞争对手。究竟是这个世界变了，还是我变了？

（小丹）

心理点证

　　从小学到中学是人生的一个转折点，需要我们很好地去适应。如果适应不良就会出现一些心理上的偏差，比如总是害怕别人超过自己就是其中一种。偶尔害怕别人超过自己是很自然的心理，每个人都会有这样的心理。但如果总是这样呢，那实际就是陷入焦虑而不能自拔了。而对于一个刚踏进中学大门的学生而言，焦虑的源头大多是还不能适应中学的学习及人际关系。只要适应了中学的学习及人际关系，相信这样的焦虑一定会自动消除。在此建议：

　　1. 像从前在小学一样，大大方方地对同座说：我们做竞争对手吧。将竞争置于阳光之下，心态也会迎来阳光。两个充满阳光的心在竞争中自然会贴得很近，并再次重温小学的美好时光。

　　2. 中学阶段的学习压力比小学要大得多，所以中学生要学会在思想上自己给自己减压。而思想上减压的最好方式就是将与别人比改为和自己比。因为和别人比的过程就是增加心理压力的过程，并且这个压力会很持久，很不容易消除。你比下了张三，还有李四，你比下了李四，还有更多的人；你在本班比胜了，还有全校，你在全校比胜了，还有更大的范围。这样你就永远感受不到学习的快乐了。而和自己比虽然也会有一些压力，但这种压力伴随着学习上的收获会比较容易消除。

16. 我能和他们一样"混"日子吗？

2008 年 3 月 26 日　　星期三

当下心情：焦虑

心情指数：★★★★★★

心情故事：

　　我是性格偏内向的男生，不太喜欢喧闹的环境。就因为这样，我和室友处得很不好。他们不喜欢学习，背着老师还抽烟喝酒，说白了就是没有上进心。我不想和他们一起混日子，所以他们玩什么我都不参加，以至于我很孤单。我和他们接触很少，关系极差。有时他们会针对我说一些难听的话，我很难受！我也努力尝试过和他们搞好关系，但都没用。郁闷啊！

我知道室友很重要，但我不想骗自己，不想做自己不爱做的事。我该怎么办呢？我每天都是一个人，现在只想着换寝室，可即便是换了寝室就能好了吗？和同学相处总是个问题呀！

（小兵）

心理点评

任何环境都是存在问题的，世界上没有哪一个环境是百分百纯净的。每个人都不可能生活在真空的环境中。

一般情况下，我们都必须先考虑融入环境，然后再思考如何避免环境中不好的一面对我们的影响。

对于一个住宿生来说，寝室就是他在学校的家。如果你时刻都对自己家里的人不满，你怎么能够开心？又如何能够高效地学习？

也许你会说：不是我不愿意接纳他们，而是他们的缺点太多了啊！我不愿意跟他们一样混日子也有错吗？

其实，日子也是需要混一混的。这里的"混"是有特殊的心理含义的，这就是充分地放松自己。成天的"混"，甚至抽烟喝酒确实是有些问题，但如果从来不知道适度地有原则地"混"一"混"，其实就是自己缺乏彻底放松自己的能力哦！

如果你知道了自己所真正缺乏的能力之后，我想你就应该知道如何去培养自己的能力，如何面对自己的室友了：抽烟喝酒之类的事情，无论别人怎么劝，你是不能沾上一点的，有条件的话，还要去帮助他们改变这种不良习气；而在其他的非原则性事情上，则可以充分融入到他们的中间，彻底抛弃学习的压力和他们一起享受生活的乐趣——因为那些看起来有些"玩世不恭"的同学其实也是很会生活的。

当然，刚开始这样做的时候，的确有些勉强自己，但这不是"骗自己"，而是挑战自我，成长自我。想换寝室的想法才是逃避，才是真正的自我欺骗！

1. "恨"不过是"爱"的反向作用

当下心情：痛苦

心情指数：★★★★★

心情故事：

当我上初一时，一个姓王的漂亮的女老师教我们班。第一眼看到她，我就有一种亲切和蔼之情涌上心头。

但与她时间相处久了，我才看清她的"庐山真面目"：虚浮，假情假意。她喜欢对成绩好的同学刮目相看；她不喜欢听旁人的劝告自作主张；她认定一个同学的成绩可以代表他的品格、他的一生。

我讨厌她！

我的成绩不太好，总是夹在中间，上不去也下不来。唯一突出的是作文，但这并没有引起她的注意。有一次，在作文本上，她这样评价我的作文：内容很虚，凡事靠自己。

看到这几个字，我真的愣住了。她的言外之意似乎在警告我：你的作文是抄的！那次对我的精神打击真的很大，我开始怀疑自己的习作，真的很虚吗？从而我更恨王老师了。

一个朋友告诉我一件事情，讲她以前的老师很偏心，只对成绩好的同学刮目相看，而对成绩不好的同学不屑一顾。于是她便做了一个恶作剧，惩罚那个坏老师。我听了，心中顿生一计……

我做了一个小小的恶作剧，但很快就被老师发现了。她狠狠地批评了我一顿，说我是青春期的反叛心理，说我是爱出风头的无聊人等。我没有一句辩驳，我无需与这种人费口水。因为错的不仅在我，还有她的错。

中学时光已经过去了三分之一，现在的班主任还是她。我们那么了解她，而她一点也不了解我。我曾想有一天，她能真诚地对我说一声对不起！我想，我也会这样对她说的。

希望这不是幻想，一定有实现的那一天，也许是今天，也许是明天，或者后天……

（赵璇）

虽然，你明确地表示：你讨厌她！并给她加了一些很难定案的"罪名"。但我还是清晰地感觉到：你是喜欢她的。可能因为你对她有太高的期望值——潜意识中可能已经将她认同为自己在学校的母亲吧，而老师不可能如母亲一般对你呵护有加，又因为客观上老师也存在一些教育不当的地方（比如在作文批改中不善于鼓励学生，语言生硬），所以你对她同时心存了失望。即使在强烈的失望之中，你对老师深深的期望也从来没有停止过。比如，你多么希望在自己的强项——作文上得到老师的肯定啊！正因为你的愿望是如此强烈，所以老师的评语才会给你造成如此大的情绪反应。虽然老师下的评语确实很欠斟酌，但在没有上下文做支撑的基础上作出老师就是批评你抄袭的判断肯定是很主观的。仅仅就这两句没有上下文的句子，我们可以给它很多种解释。不信，你可以多找几个同学试试。而你的恶作剧呢，其实也是为了老师能够关注你呀！老师批评了你的恶作剧，也从心理的角度分析了你恶作剧的原因，虽然分析得不是很准确，但能够试着从心理的角度理解你，说明老师也还是关心你的，也还是有优点的哦！而你希望老师给你道歉的想法虽然比较幼稚，却更加显示出你对她深深的期望啊！试想一下，如果你真的讨厌她，躲她都来不及呢，还要她道什么歉呢？

要真正地了解自己的感情，真正地了解老师的感情，并不是一件容易的事，绝不是如你所说的"我们那么了解她，而她一点也不了解我"。

你现在对老师的感情真可以说是"爱恨交织"啊。当然，"爱"是本质，"恨"不过是"爱"的反向作用罢了。因为无法承受"爱"的焦虑，你便运用"恨"来压制"爱"，并希望能消除焦虑，但你并没有做到。也就是说，你心理上的反向作用很不彻底，"恨"得很勉强。

而老师也是喜欢你的，但由于你在师生互动中的一些情绪化反应，老师同样也会对你有些失望哦！

你说，如果老师对你说声"对不起"之后，你也会对她说的。那为什么不能你先对老师说呢？是因为你还不能走出"自我中心"吗？还是已经习惯了母亲来哄你？如果去掉"自我中心"，勇敢地去给老师道歉，也就是先哄一哄老师，会怎样呢？肯定一切都会改变：老师一定会对你刮目相看，更重要的是，一个全新的"你"就要诞生啦！

在学校，我们要学习各种知识，更要培养爱的能力。而显示我们爱的能力的，就是我们学会了主动去爱现实中那些并不完美的人！

2．良好的师生关系大于考分

2007 年 9 月 17 日　星期一

天气：晴

当下心情：感动

心情指数：★★★★★★

心情故事：

今天，我们班来了一个新班主任，一个刚毕业不久的帅哥。原来的班主任年纪太大了，被我们班的同学都给气病了。现在还躺在医院里呢！当然，我们也不是成心想气他，只是我们往往一不小心就让他暴跳如雷，我们也没办法。

这么年轻的老师也敢到我们班当班头？他可能还不知道我们班的厉害和特色吧。我们班的厉害就是：要违反纪律大家一起违反，让老师不知道该惩罚谁！我们班的特色就是：人人都会转书！正正方方一本书在无名指上一放，立马就快速旋转起来。不时还会有书在旋转中腾空而起，然后在同学们的一阵尖叫声中稳稳当当地落在主人灵巧的手指上。常常在课间，乃至打了上课铃但老师还没有开始讲课之前，全班同学几乎是同时转起书来。场面十分壮观！这不，新班头刚踏着上课铃声来给我们班上课，我们就在他惊奇的目光下一起转起书来，全然不顾老师的"大驾光临"。

我们以为新班头会像原来的班主任一样大发雷霆，谁知道他竟然赞美起我们的转书水平。还说，有很多同学都超过他的转书水平了。我们不相信他也会转书，而他就当场给我们表演了一番，虽然不能将书腾空，但功底也不浅啊！我们一下子就接受了这个新班头，都开始安静地听他讲课。课后，新班头甚至建议我们举办"希望杯"班级转书大赛哩。我们都觉得不可思议，转书可是被老师们一直深恶痛绝的事啊！有很多老师看见我们转书就火冒三丈（包括原来的班主任）。而我们也就经常在课堂上用转书来气这些老师，因为我们转的是自己的书，又没违法，谁也不敢把我们怎么样，顶多批评我们几句什么低级趣味、不认真听讲而已。

不管这个比赛将来能否真正实现，但我们的心中都很感动。我们都在心里暗暗发誓：一定要为新班头争气！所以，今天的课堂纪律一直都不错。这在我们班是很少见的。今天真是个奇迹！

心理点评

　　和学生结成同盟，也就是构建和谐的师生关系，对老师来说是非常重要的，因为它是教育教学得以顺利实施的基本条件。"新班头"的神奇就在于他认识到了师生关系的极其重要性并能够抛弃偏见尊重学生的兴趣爱好从而走进了学生的心灵。

　　在新课程改革的大背景下，良好的师生关系就是考分。甚至，从某种角度而言，良好的师生关系大于考分！

　　只可惜，我们的许多老师认识不到这一点。他们是敬业的。他们花了大量的时间去督促学生学习，花了大量的精力去向学生传输知识。他们坚信：有付出，必有回报！结果，有一些学生甚至有大批的学生在接收了老师辛勤的付出之后，居然少给或者不给老师回报。有的甚至还怨恨老师仇视老师！是学生"朽木不可雕"？非也！是老师的知识水平有限吗？非也！是老师和学生的关系没达到一个理想的状态，有时甚至是对立的状态。学生接受老师传授的知识不是积极的、心甘情愿的，而是消极的、被动的。而教育心理学的常识告诉我们，一个人被动接受的知识是没有生命力的！要调动学生的积极性，和学生搞好关系则是前提条件之一。

我们周围也有一些老师和日记中的"新班头"一样，他们常常花大量的时间（甚至包括课堂的时间）去和学生沟通，去和学生游戏。在沟通和游戏中和学生建立互相信任的感情。一旦这种感情建立起来，老师对学生的教育和引导就是事半而功倍的！而学生的学习也因为变被动为主动，显示出强大的生命力、创造力！

3. "早恋过敏症"重创学生自我价值

2007 年 4 月 10 日　星期四

天气：阴

当下心情：憋闷

心情指数：★★★★★★★★★★

心情故事：

直到现在，我都不敢真正相信老师的话。对，我跟老师之间也许真的有一道永远消除不了的代沟。我并不知道，我在回避老师什么。每次老师点名叫我起来回答问题，我总是站在那里不吱声。这样连续几次之后，老师也就再不会点我的名了。其实，我的内心还是很渴望老师向我投来些许赞赏的目光的，只是老师总是板着脸，我也只能望而却步。

我想，这一切都是因为初一时的一件事情吧。那时，我认识了一位男生，一位很会关心人的男生。慢慢地我对他产生了好感。我们经常在一起问彼此的成绩，并在对方受挫折的时候鼓励对方。就是这么一点事情，竟然在别人眼里成了"谈恋爱"。我没有去辩解什么。可后来，事情越来越严重，几乎所有的同学都知道了，甚至连班主任老师也知道了。班主任开导我，让我把精力都放在学习上，我答应了。可后来，我们还是会忍不住地去关心对方。有一次，在他跟我讲话的时候，不幸被老师看到了。从此，老师看我的眼光就不一样了。这之后，我就不再奢求老师对我的赞赏了。我后来告诉他，我们以后不要再来往了。他听了，很不理解。那天，我们都哭了。哭过之后，我们就再没来往了。直到现在，我都不明白我们为什么要哭，有什么好哭。

　　我想，我对老师已经有了根深蒂固的恐惧！

心理点拨

这是什么样的目光，竟然有如此的威力，让一个学生对老师如此的恐惧以至于影响到她的学习？我想，这目光里一定充满否定和怀疑：它否定的是一个少年纯真的感情；它怀疑的是一个学生自我控制的最起码的能力。在这否定和怀疑的目光里，一个少年的自我价值感急剧下降。他们正是为此而哭啊！

老师无意中的伤害则可能来源于一种"早恋过敏症"吧。必须承认，有些家长和老师是存在"早恋过敏症"的。他们看到身边的孩子同异性交往时，往往会先入为主地认为他们是在"早恋"。这种过敏现象对孩子造成的伤害是深远的，对孩子的成长是极其不利的，然而又是常常被人们所忽视的。

在此希望家长和老师们不要对您的学生使用"早恋"这个标签。正如有的专家所指出的：世界上并不存在"早恋"这一说！如果是真正的"恋"就不能说什么"早不早"；如果是"早"了就不可能是真正的"恋"——而是一种"过家家"似的游戏。

其实，一个人在少年时期没有一个知心的异性朋友，才真是一种遗憾，甚至是一种缺陷呢！

值得提醒青少年朋友的是：异性朋友之间的交往不能过于密切。老师和家长提醒你们在异性朋友交往中保持一定的距离是十分必要的！

4. 在规则之美中感受和谐之美

当下心情：苦恼

心情指数：★★★★★★

心情故事：

上次期末考试，我连年级前50名都没有进。因为从上学期开始，学校就一直让前50名的学生在星期天的下午上奥队课，所以，我对这个结果很失望。还有一个令我烦恼的事情，就是，我们的班主任对我特别的照顾，让我顶替我们班一个考进了奥队却因为有事不能上奥队的同学。有了上奥队的机会，我应该很幸运，但我一直感到很愧疚，怕同学们说老师偏向我。我真的很不好意思。第一次参加奥队的学习，进了学校却不敢进教室，最后偷偷溜了回去。老师知道了找我谈过话，说：你已经具备上奥队的水平，虽然你在考试中并没有发挥好，但你在没上奥队的学生中成绩是最好的。所以你要勇敢地、大方地去上奥队课！我听了他的话，第二次我去了。可是当我进去的时候，总觉得不舒服，像有许多人在对我指指点点，很不自在。我以为听了老师的话就会想开的，可还是不行。我究竟应该怎么想，究竟应该怎样做？

（化名：刘倩）

心理点评

　　曾经有一个市级三好学生的指标，被有关干部直接点名给某某同学，因为某某同学的爸爸和这位干部是很亲密的关系。人们都以为某某同学会很高兴，因为在当时，市级三好学生的荣誉是可以在中考中加分的。可是，即使学校领导做这位同学的工作，说她完全符合市级三好学生的资格，希望她接受这个荣誉，可是这位同学自始至终坚持着不肯接受。在她的心目中，不是通过自己的努力得到的荣誉，没有通过同学们评选而得到的荣誉，都不是真正的荣誉。

　　这是什么？这就是我们最可贵的规则之美。这种美在大人们那里正日渐式微，却通过集体无意识、比较完整地保留在孩子们的心灵中。只不过，在有的孩子心中，这种美得到了发掘并闪烁着它的光芒，而有的孩子的规则之美一直藏在心中。而可悲的是，有的孩子的规则之美在发出一点微弱的光线之后就被世俗的洪水淹没了。刘倩同学的心理困惑就是在某种无序的状态下坚守规则之美的困惑。

　　真心希望我们的孩子今后再没有这种困惑，让每一个孩子都能在规则之美中感受和谐之美！

　　当然，从老师的角度考虑问题，让刘倩同学做替补参加奥队学习是完全可以的，问题是，一定要照顾到学生宝贵的规则意识，在她参加学习之前一定要有一个简短的仪式向同学们宣布"替补队员上场"的决定。这样，她就会感觉到：自己是在同学们的掌声中上场的，而不是悄悄地上场的！

5. 学生上课有没有隐私权

2006 年 5 月 28 日　星期日

天气：晴

当下心情：痛苦

心情指数：★★★★★

心情故事：

　　昨天，我在课堂上给我的一个死党传了一张字条，问周剑和李欣欣是否分手了，因为我很喜欢周剑。字条还没有传出去，就被班 SIR 给发现了。只见班 SIR 铁青着脸，一只恐怖的布满青筋的手就这样伸在我的面前："交出来！赶快交出来！"我临死也要挣扎一番，就极力做委屈状："没有啊?！要我交什么？""什么？你还想装傻？门都没有！你今天不把字条交出来，我就不上课，你信不信？"

　　本来有些人就怀疑我喜欢周剑。如果他们知道了我上课都在关心周剑，那他们不更要添油加醋地炒作一番？我不能交，我无论如何也不能交！"老师，我错了，还不行吗？您就放过我一次吧！"我哀求道。"什么？你也知道错了？我还以为你一直是对的呢？"老师不阴不阳地说，"你今天不把字条交出来，我是不会放过你的！你心里放明白一点！你不知道我是谁？"

　　我当然知道你是谁。你就是那个经常在我们学生中间安插"卧底"的老师！你就是经常在窗户后面偷窥我们的老师！不知道在你的心目中，我们究竟是什么角色？是坏人？是敌人？

　　罢了罢了，我不读了。一怒之下，我摔书而去……

　　当然，今天我又被家长押到了"刑场"——学校。在一阵苦口婆心的教育之后，班 SIR 还是没有忘逼我交出那张字条。上帝！我们上课传字条是违纪，可你逼我们交出字条是侵犯我们的隐私权，是犯法啊！

（吴双）

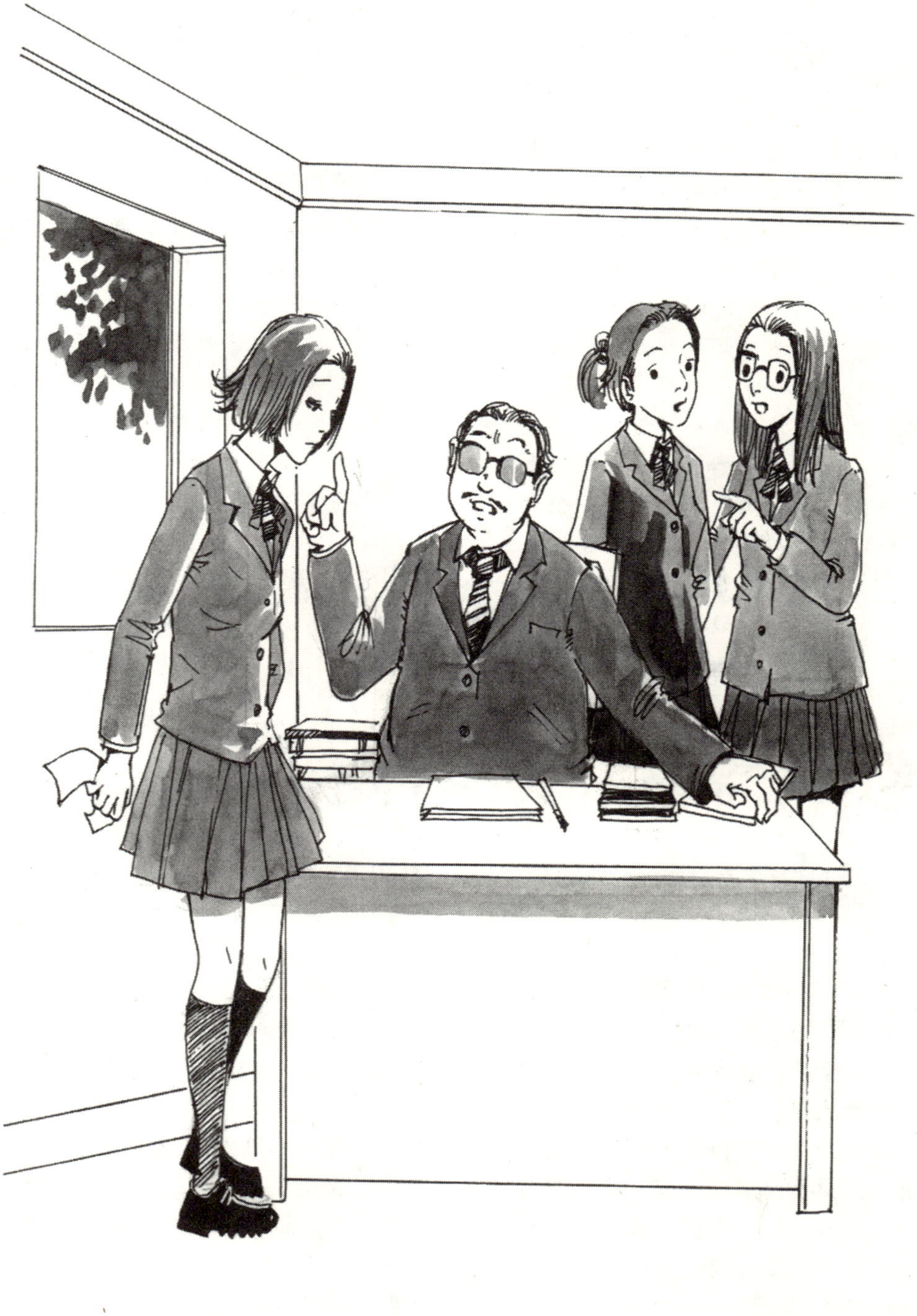

心理点读

现在的老师一般都意识到了尊重学生隐私的重要性，再也很少发生为了了解学生而私拆学生信件的事情了。但是，一些比较隐蔽的侵犯学生隐私的现象还时有发生，比如上面日记中的班SIR。我们不能说这位老师管理课堂是错误的，但他在处理传纸条的过程中一不小心就忘记了管理的目的：目的是教育学生遵守课堂纪律，而不是要控制学生的感情和思想。一张字条虽然不像信件那样有很强的隐私性，但既然学生不愿意老师看到，就说明它也具有一定的隐私，需要老师给予必要的尊重。

同时，像在学生中间安插"卧底"的做法，都是有问题的。它使师生之间失去起码的信任。这也是吴双无论如何也不敢交出字条的根本原因所在。

老师要真正了解学生，并不能靠监视和审查获得，而只能靠彼此的信任。而时刻注意保护学生的隐私，对于一个教师来说，只有做到这一点，才能真正地尊重学生，也才能有效地教育自己的学生。

和谐的师生关系大于考分，大于任何教育技巧，也是教育成功的基石！

6．为什么会有表扬饥渴症

2006年5月21日　星期日

当下心情： 困惑

心情指数： ★★★★★★★

心情故事：

每个人都希望得到老师和家长的夸奖和表扬，我也不例外。我希望得到老师的表扬，这样我会感到自信，会更努力地争取下一次表扬。可是，老师们是不喜欢表扬的。可能，他们觉得，表扬了我们，我们会骄傲，而骄傲使人必然退步。老师当然不希望我们退步，也就当然不喜欢表扬我们了。

我却无怨无悔地希望老师表扬我，哪怕换来的是骄傲和退步。我也知道，要老

师表扬我，首先要做到考试成绩好，其次，还要做到上课不讲话不做小动作。虽然做到这些实在很辛苦很辛苦，但我宁愿苦点累点，也不愿意自己默默无闻，在老师的心目中失去地位。

为了这个愿望，我努力地学习着。单词，我尽量多记几个，课文也尽量多背几篇；习题尽量多做几道；英语磁带还要多听一遍。中午回家，我也很少睡觉。而晚自习之后还要回家再学两个小时。

我这样又是为了什么呢？还不是为了老师能表扬我，夸奖我，重视我，喜欢我。还是为了这个愿望，我下课见到老师就问好，上课听见老师提问就举手。

也许你会说，这样做太做作了！可我真的很想老师重视我啊！我该怎么办啊！

（朱丽婷）

心理点评

也许是在家里父母的关注过多，也许是在小学的时候，很受老师的器重，朱丽婷同学对外在的夸奖和表扬格外在意，甚至有些依赖的心理了。现在，到了中学，也许是中学老师实在是不善于夸奖和表扬，客观上存在鼓励欠缺，朱丽婷同学就似乎患上了鼓励表扬饥渴症。

面对这种饥渴症，除了我们的中学老师要改变自己的教育方式，学会欣赏式、鼓励式教育之外，朱丽婷同学也要学会关注自己的内心，学会自己表扬自己。

你在最后说：这样做太做作了。也就是说怕别人说你不是发自内心。实际上，你对自己的内心关注得实在太少了！你的行为实在有些"做作"！而"做作"的实质就是你的行为没有听从内心的呼唤，而是听从了外在的评价。一个具有独立个性的人必然是建立在听从内心呼唤的基础上的。而只有独立的个性才是成熟的个性。

有人说：会自我欣赏的人是达观的，会表扬自己的人是大气的。我认为：会自己表扬自己的人是最成熟的，也是最幸福的！

7. 左手与右手

2007 年 4 月 1 日　　星期日

当下心情：怀旧

心情指数：★★★★★★★

心情故事：

今天语文课上，来了许多老师听课。因为有人听课，老师讲得特别投入。只可惜没有多少同学配合。班上就那么几个老师的"红人"在举手回答问题，其他的同学并不买账。我看得出，老师很着急，希望大家都能举手。老师的心意我们能理解，可是老师平时理解过我们吗？当我们的回答不能让老师满意的时候，老师鼓励过我们吗？有一次举手之后，因为我的"驴唇"没对到老师的"马嘴"，不仅受到了老师的批评，还受到了同学们的冷嘲热讽。从那次开始，我发誓再也不举手了。

这不禁令我怀念起小学的一位语文老师来。在小学的时候，我的胆子特别小，从来不敢举手发言。一次课后，她把我领到她的办公室，不仅给我讲了举手发言的意义，还对我承诺：不管我回答的是对是错都会受到肯定和表扬，绝不批评！老师问我敢不敢每次都举手。我思考一会，提出了一点顾虑：老师您不批评，但是我实在不会回答让同学们笑话怎么办呢？老师抚着我的头说："这样吧，实在不会回答，就举左手好了。这样，老师就不会让你为难了。这可是我们之间的秘密，你一定要保密哦！"

就是从那时开始，我养成了上课举手的好习惯。只可惜，上了中学之后，这个好习惯就开始和其他同学一样慢慢地丢弃了。偶尔举起不自信的右手的时候，我总会怀念那举左手的日子。

心理点评

自尊心，有人将之喻为"精神的生存者"，有人将之喻为"人生的钥匙"。英国作家毛姆说："自尊心是一种美德，是促使一个人不断向上发展的原动力。"具有高

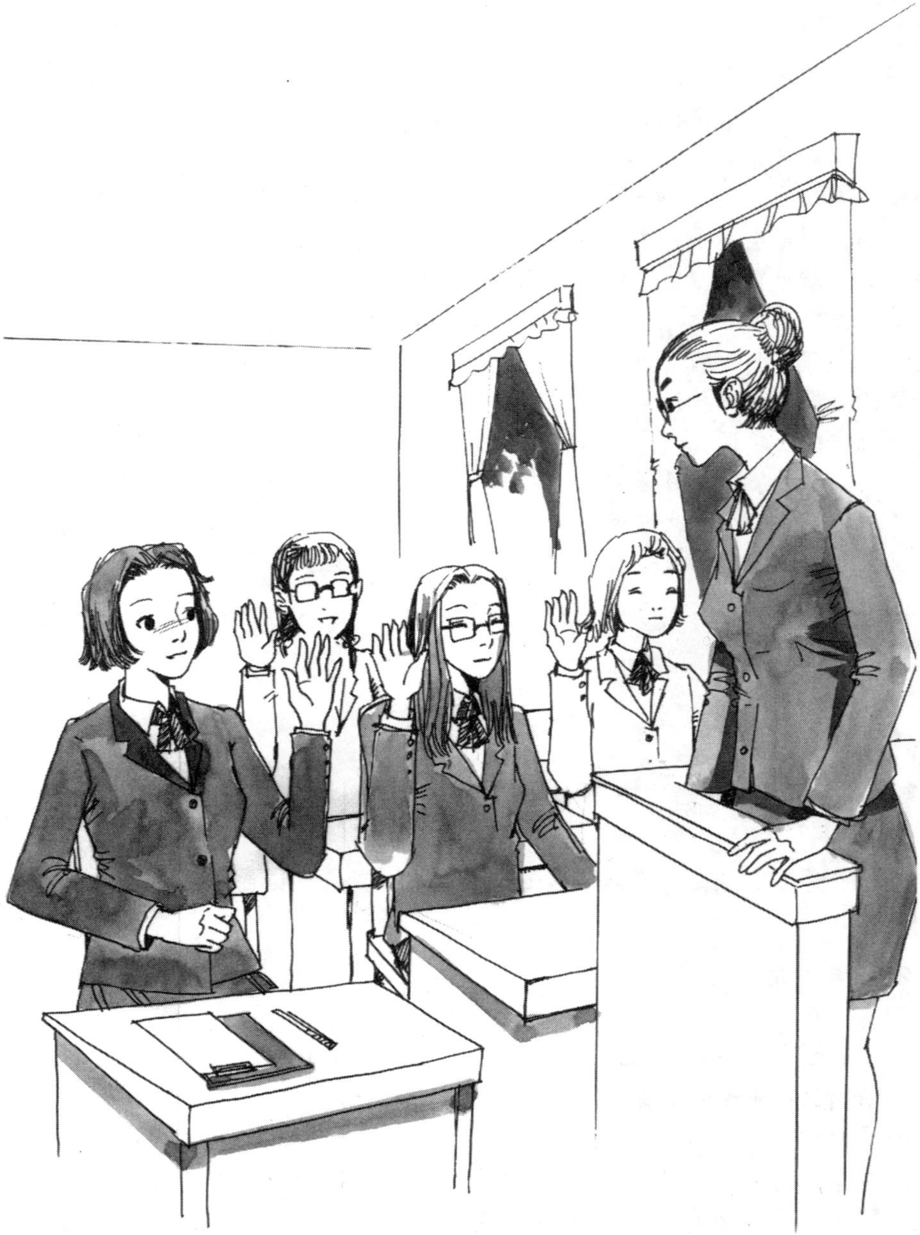

度自尊心的人善于处理各种事物，有较强的适应能力。高度的自尊并不是自鸣得意、高傲自大，而是一种沉着、冷静的自我尊重感，他不仅尊重自己，维护自己的尊严，也懂得尊重他人、维护他人的尊严。

人们常说，树怕伤根，人怕伤心，凡是人都有自尊心。但是人们却往往忽视了孩子、学生的自尊心，认为他们小，不注重他们内心的感受。其实自尊心是孩子成长的精神支柱，是孩子向善的基石，也是自我发展的内在动力。新课程倡导平等、民主、和谐的师生关系，注重孩子个性的健康发展和创新能力的培养，保护学生的自尊心，让孩子在学习生活中勇于探索、勇于思考，更显得举足轻重。

举手发言不仅对学习十分重要，而且是培养良好心理素质的重要途径。我想，这是很多老师都明白的道理。但是如何调动学生举手发言的积极性，在学生发言回答问题的时候如何保护好学生的自尊心，老师的做法往往不尽相同，甚至大相径庭！

日记中的小学语文老师的工作方法是细致的，也是十分人性化的。她不仅训练了学生的心理素质，而且保护了学生脆弱的心灵。日记中的中学语文老师的做法则是简单的，是不利于学生成长的。

保护每一个学生的自尊心应该成为我们每一位老师的天职！

8. 给考砸了的学生发奖品

2008 年 1 月 5 日　星期六

天气：晴

当下心情：无奈

心情指数：★★★★★

心情故事：

现在老师们动不动就考试。成绩好的人高兴得很，因为他们考好了可以到老师那儿拿奖品。可成绩差的极不情愿考试，因为考差了回家可能要吃一顿"皮带炒肉"。

偶然有一天，大家学会了"团结就是力量"，学会了"抄抄抄——学生的绝招"。比方说，在考试时，你做第一题，我做第二题，他做第三题，然后和起来，百

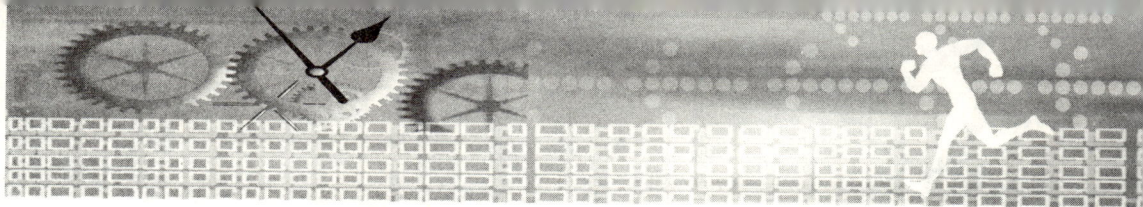

家成一家。不过这样不太保险。于是又发明了传字条，要么是二分灌篮，要么是三分远投。这个"投篮"，要投就要快、准，但力气不能太大。如果一大，先是落在桌子上，然后滚到地上，老师就会飞奔而来。

有的考试科目有几张试卷，比如语文，你先做了一张，悄悄传给我。我就把传来的试卷放在桌子上，好像是刚做完一样，接着就不紧不慢地抄。

还有的人更厉害，在桌子上钻个小洞，然后放上些文曲星之类的。要用时拿个小电筒往里面一照，透过那个小洞，就可以看到文曲星上面的内容了。

不过，真正的绝招是自己抄自己的。譬如有一次，我 A 题写对了，别人 A 题写错了。我不自信，抄他的，好！对的也成了错的！

要是没有考试该多好啊！毕竟作弊的时候心里也是很不爽的。

（夏雨）

心理点拨

考试作弊一直是一大教育顽疾。

在教育者——老师和家长方面，对分数过分在乎的态度和以分数论英雄的思想是学生（孩子）们陷入作弊泥潭的外在原因。如果学生考砸了，家长们大多不会有什么好脸色，极端的还会有体罚行为。老师呢？虽然大部分老师认识到了考试排名的危害性，但总有一些老师会通知家长让家长教训孩子，外加全班排名次让考砸的学生无脸见班上同学。我见到最恐怖的是一个小学一年级老师在班上宣布同学们考试名次的情景。看到那个考最后一名的小孩低着小脑袋在全班同学的耻笑中接过老师手中的试卷，当时我的感觉就是：这不是教育而是扼杀！

在被教育者——学生（孩子）方面，对考试的目的认识不足以及对考试作弊的错误认知，则是考试作弊的内在原因。夏雨同学在日记中所表现出来的就是一种作弊无所谓的态度。虽然他也认识到最好是抄自己的，但他并没有从深层次去认识考试作弊，而仅仅是停留在了考试作弊的技巧层面。考试是我们人生成长路上的一个个加油站，在每一个站点我们都需要真实地检查一下自己有哪些问题，然后给自己加加油重新上路。考试如果作弊则将失去这一机会，将达不到"加油"的目的。另外，有的同学认为中考或高考不考的科目是可以作弊的，帮助同学作弊不能算是作弊，甚至有同学认为作弊是"英雄行为"，这些认识都是错误的。考试中不真实地表现自己或使他人不能真实地得以表现的行为都是作弊行为。而经常性的作弊行为会逐渐内化为一种作弊人格。其危害是潜在的。

中国是文明古国，礼仪之邦。国民历来把诚信作为为人处世的最基本的准则和操守。可现在的中国，每年因为诚信缺失而造成的经济损失高达 5 855 亿元人民币（《中国经济时报》2002 年 5 月 11 日）。拥抱诚信，拒绝作弊是学生真正学到知识、充分提升人格的前提条件，也是社会发展和进步的基石。

现行的考试制度并不是最科学和最公平的甚至是有很多弊端的——但我们需要接受有缺陷的生活，让考试的程序操作尽可能做到人性化。这就是老师们在现行的有缺陷的考试制度下所能做到的。如果做到这一点，那么诸如考试绝招之类的技巧就不会如此盛行且经常翻新了吧？

如果我们的考试制度能够不断完善，如果我们的学生（孩子）在考试开始前都充分认识到考试的真正意义，认识到考试作弊的潜在危害，如果我们的老师和家长在考试结束后首先想到的是去安慰那些考砸的学生（孩子），甚至在特定的情形下给某些考砸的学生（孩子）发奖品从而让所有的学生（孩子）都对考试留下美好的记忆，那么考试作弊就会逐渐从我们的生活中消亡，而诚信社会才会真正来到我们的身边。

9. 我是一个大色郎

2005 年 4 月 1 日　星期五

当下心情： 高兴

心情指数： ★★★★★★★

心情故事：

今天是 4 月 1 日，我们决定好好地整一整语文老师刘老师。谁叫他最年轻呢？

上课铃响了，刘老师像往常一样，站在教室门口。我假装气喘吁吁地跑到刘老师面前，说："刘老师！楼下一个漂亮小姐找你！"说完就钻进了教室。刘老师赶紧往楼下看。看了半天，也没发现找他的漂亮小姐。刘老师很失望，同学们则一阵狂笑。

上课时，趁刘老师从我身边经过的机会，我以迅雷不及掩耳之势将一张写着"我是一个大色郎"的纸条沾到了他的背后。同学们捂着嘴一阵窃笑。刘老师一本正经地说：不准笑！我们于是都闭上了嘴。一直到下课铃响了，他都没有发觉。刘老

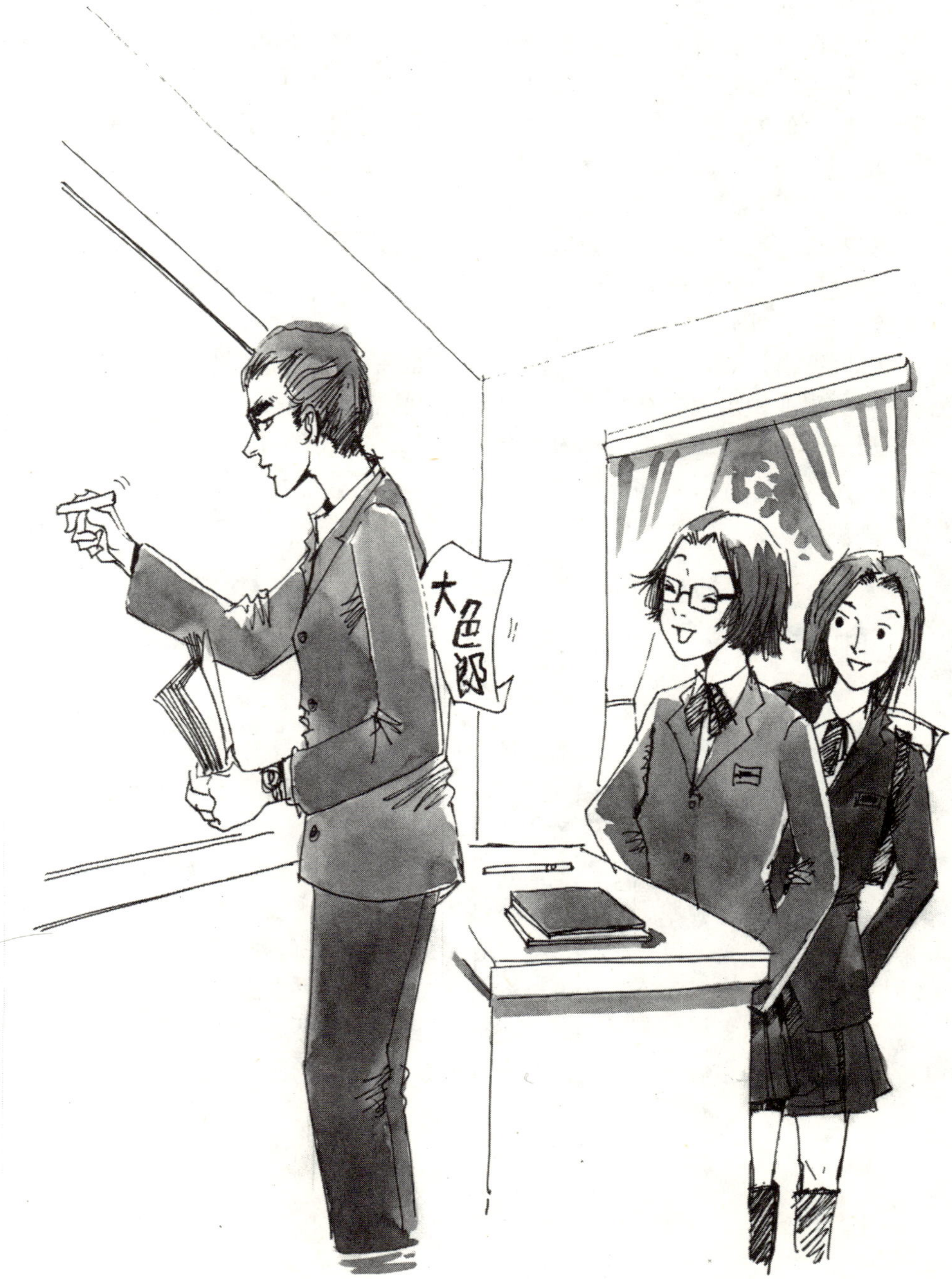
大色郎

师背后带着纸条回到办公室。

到第二节课时，我看见刘老师捏着那张字条，愤怒地向我们走来。我们都很紧张，准备着接受一顿狂风暴雨。刘老师板着脸在讲台上站了大约一分钟的时间，忽然变得十分轻松似的，说："同学们！今天有位天才学生送给了我一张字条。他具有十分敏锐的观察力，一眼就看出我是个大色郎！"

"啊!?"同学们都张大了嘴巴。

"窈窕淑女，君子好逑。我是色郎，但我是'好儿郎'的'郎'，而非'豺狼'的'狼'。我好色，但我好的是自然界所有的美色，而绝非仅仅是异性之色！"

"哇噻————"同学们一阵惊叫。

"大色郎的荣誉称号，对我是一种肯定，更是一种激励和鞭策。我会再接再厉为大色郎的伟大事业做出我应有的贡献！谢谢大家！愚人节快乐！"

教室里一下子爆发出了雷鸣般的掌声。我把巴掌都拍红了。

后来，刘老师上课时，我就再也没有违反过纪律了。再后来，我还当了他的语文课代表呢！

（王超人）

心理点评

教育孩子就要善于站在孩子的角度思考问题，而不能用成人的标准来衡量孩子的行为。"色郎"在成人眼里是一个侮辱人的贬义词，但在孩子眼里可能就是一个中性词，更何况还有愚人节的大背景呢。

课堂上，在老师背上贴纸条，无论在什么情况下都是要严肃处理的。这里，我们不是鼓励学生们对老师搞恶作剧，而是启示我们的老师：有时候，换一种方式，比如用充满童心的方式来面对学生，也许会起到意想不到的神奇效果呢。

而对于同学们来说，无论自己内心多么天真无邪，你们都应该记住：一个人总要长大，而长大的标志之一就是能时刻意识到自己的行为对他人可能造成的影响。老师给你们的宽容，你们千万不能把它当成纵容哦！

10. 言传不如身教

2004 年 3 月 7 日　星期一

当下心情：愤怒

心情指数：★★★★★★★

心情故事：

今天的语文课与平时大不相同。老师穿着平时很少见到的漂亮西服，很罕见的微笑也一直挂在脸上久久不肯离去。而同学们一个个也是挺直了背与平时懒懒散散、东倒西歪的样子截然不同。

原来，这是一节经过了多次排练的公开课。在上这节公开课之前，谁朗读哪一段，由谁来提出问题，谁回答第几个问题都一一做了彩排。这节公开课理所当然地相当精彩。同学们的提问、回答、讨论都很热烈。回答问题的同学还时不时地吐出几个相当出彩的句子让听课的老师发出一阵一阵的赞叹声。而实际上这些句子也都是老师在课前想好了叫同学记住了的。

如果这节课只是一节普通的语文公开课，那么大家也就演演戏算了，可偏偏这节课上的是安徒生的童话《皇帝的新装》。我仿佛又回到了 19 世纪的丹麦。但我不知道究竟谁是皇帝谁是骗子。我们本来是天真的小孩子，但我们又似乎也成了帮助欺骗听课老师的骗子。老师安排的台词我们不得不说，并且还要带着感情去说。全班 50 多个同学就是 50 多个木偶啊！我心中充满愤怒，可是我没有童话中小孩子的勇气。我不知道我害怕的是什么。

这节课结束的时候，老师夸奖了我们。但我觉得这夸奖比骂我们还难受！

心理点评

你的愤怒是完全可以理解的。这种愤怒其实不一定就是针对我们的老师，而更多的可能是指向校园中的一些不正常的现象。再阳光的地方也会有阴影啊！虽然你没有像童话中的小孩一样地当场说出真话，但你最终还是在日记中说出了你的真心话，所以，你还是纯洁的孩子，只是你在此基础上更多了一分成熟理性的思考。

人们常说：言传不如身教。其实，如果没有或者说缺少身教都不是最可怕的。最可怕的是教育者的言传和身教发生了矛盾冲突，那么受教育者的心里就会出现严重的不和谐与不平衡甚至出现人格扭曲和变形的倾向。这往往就是威胁青少年心理健康最直接的社会因素之一。

当然，老师可能也有自己的难言之隐——大家都在这样上公开课，我不这样上，就要吃亏了。这样换位思考之后，我们就会发现：建立科学完备的教育评价制度正是维护诚信校园的根本保证！

真心希望"皇帝的新装"永远地从我们的校园中消失，真正地成为一段永远的童话！

11．教师影响学生的三重境界

2005 年 12 月 1 日　星期四
当下心情：困惑
心情指数：★★★★★★★
心情故事：

今天的心理健康课上来了许多听课的人，据说还有市里的领导。因为有人听课，同学们发言都很积极，我也不例外。今天这节课的主题是"我能行"，目的是树立我们的自信心。老师讲了自信心的重要性之后就要我们介绍自己的优点。同学们一下子说了很多优点，什么聪明、刻苦，什么善良、勇敢，还有什么会关心人等等。我有什么优点呢？我平时就总是在最后发言，因为我怕自己说错了被别人笑话。我这是不是很狡猾呢？爸爸经常告诉我"枪打出头鸟"，正因为我不爱出头，所以我很少被人耻笑。这就是我的高明之处吧？当实在没人说自己优点的时候，我终于站起来了。我说："我的优点就是很狡猾！"没想到，我的话刚说完就引来轰堂大笑。我看见老师也想笑，但他没有笑出来。老师走到我的面前，十分同情地对我说："这不是优点，你坐下。"我在同学们嘻笑声中坐下了，但我真的不明白：这怎么就不算优点呢？

心理点评

一个心理老师这样对学生进行点评，是否符合心理学的人文精神呢？甚至有老师在课后提出质疑：就这个学生而言，如果不上这堂心理辅导课，他的心理是不是会更健康些？

由此，我想到了教师影响学生的三重境界：

第一重境界：无意识地打击了学生的自尊心，但自己还不知道。

"你错了，你说的狡猾不是优点，而是缺点！"

学生深感自豪的品质竟然是缺点，其内心的挫折感是显而易见的。

第二重境界：从自尊心上保护了学生，但从认知能力上挫败了学生。

"你用词不当啊！应该是你很聪明，是不是？"

强行将学生用的词语换成另外的词语，虽然保护了学生的自尊心，但对学生的表达能力进行了怀疑，对学生内心的自我认同或多或少会有一些影响的。

第三重境界：从心理上保护学生，并顺着学生的思路肯定学生。

"哦！你很会贬义褒用啊！哈哈！你真的是很聪明很灵活啊！这确实是你的优点！谢谢！请坐下！"当然，如果有时间，老师还可以和他探究一下如何更理性地认识自己的"优点"，因为这优点里面也还是有缺陷的。

亲爱的老师，您影响学生的时候是第几重境界呢？

12. 我怎敢说出真相

2007 年 8 月 18 日　星期六

当下心情：困惑

心情指数：★★★★★★★

心情故事：

晚自习前，我们像往常一样说说笑笑。突然一主科老师，神情严肃地出现在我们面前，班里的喧闹声戛然而止。老师把几个靠窗坐的同学叫了出去，剩下的同学面面相觑。几分钟后被叫出去的同学耷拉着脑袋回到教室。老师跟在他们身后，脸色更加难看了。

凭经验，一场"暴风雨"即将来临。果然，老师"啪"的一掌拍在讲台上："刚才我们班有同学往楼下泼水，正好泼到隔壁班同学身上，是谁干的？"全班一阵沉默。老师的眉头皱得更紧了，用愤怒的目光扫视着全班，大家赶紧低下头，生怕老师的目光转移到自己身上，给自己带来"灾难"。老师见同学们如此"表现"怒不可遏，声音提高了八度："最后问一遍，到底是谁？刚才问那几个同学都说没看见，难道集体包庇？你们眼中还有没有校规了？你们来学校是先做人后做文的，可现在你们连做人都不学，还学什么习啊！都给我站起来，不准学习了，直到找出泼水的那个人为止……"全班同学都站了起来，老师继续对着我们"咆哮"，时间一分一秒过去了，可始终没人敢说出真相，三节晚自习，全班同学站得腰酸背痛。

老师，其实我们都想做个正直的人，也知道"坦白从宽，抗拒从严"的道理，可是同学向楼下泼了水，老师就这么"恐怖"，那个做错事的同学一定会觉得大难临头，为了逃避惩罚，他选择做胆小鬼。同理，目击者要是当着全班同学的面说出了真相，被举报的同学甚至全班同学会怎样看他？如果老师您是我们，您会怎么做呢？

假如老师心平气和地告诉我们：向楼下泼水危险且不道德，幸亏没有造成恶果，勇于承担责任，以后不再犯类似的错误就是好样的……说不定可以让做错事的同学勇敢地站出来认错，全班同学也一定敢且愿意说出真相。

（小砚）

心理点评

学生群体自然有学生群体的潜规则，比如不能在老师面前出卖同学的潜规则其实在许多学生群体中都不同程度地存在着。而这个潜规则存在的前提就是有些老师在无形中将学生放在了与自己敌对的一方。什么"坦白从宽，抗拒从严"可是对付敌人的语言啊！如果和学生结成联盟，在出现问题的时候，能够从学生的角度来思考并用一些平和冷静的方式进行处理，这个潜规则就失去了意义。

老师们，调节好自己的心态，放弃敌对的、威胁的语言，用和风细雨式的教育方式来面对学生吧！这样的您，才是最有威信的呀！

同学们，老师有时也会因为一些心理压力而表现出情绪化的语言和行为。而这些情绪化的语言和行为可能会伤害到你们。你们在学会保护自己的同时一定要相信：老师对你们是负责的，是爱你们的。他们火药味十足的语言其实只是一种不良心态的表现，千万不要当真更不能对着干哦！

另外，小砚可以将当时受惩罚的感受和想法写出来与老师交流（注意不要用"咆哮"、"恐怖"之类的词语来刺激老师，而换成"大声"、"可怕"之类的中性词语），让老师真正了解你们的内心感受。相信，老师一定会对自己的行为进行反思的。

相信，不和谐总是暂时的，而和谐才是我们校园的主旋律！

13. 学校办重点，学生怎么办？

心情故事：

不知从何时起，我所就读的××中学出现了所谓的"重点班"。我们常称之为"A等班"或"实验班"——就是把成绩好的学生集合在一班，并且安排水平高的老师来教学。呵呵！把"A等"的老师和学生放在一起，正所谓"好马配好鞍啊"！而"B等班"就是把成绩差的学生放在一起的班，安排的老师教学水平一般，有的甚至很差。

"A等班"可以说时时处处都受宠。就拿做试卷这件事来说吧，"A等班"几乎每个晚上都有试卷做，而"B等班"却没有！"A等班"的学生是学校的"花朵"，当然天天有试卷做！"B等班"学生是脚下的"小草"，当然没有！

还有就是所谓"加夜班"，即自修两节和晚学一节过后，"A等班"的花朵继续留在教室学习，而"B等班"则不用。"A等班"加班到晚上10：40结束，"B等班"的晚休时间却是10：00。呵呵，原因很简单："花朵"要继续"奋斗"多考几个重点高中，多培养几个"高材生"为××中学争光嘛！

这样做对"B等班"的学生们公平吗？

• "A等班"上课速度比"B等班"快，学校的解释是："A等班"的"花朵"思维发达，所以上的速度比"B等班"快。而"B等班"的思维……所以按正常的上课速度。在这里我想说一句：你们以为"A等班"真的是"超人"？真的思维发达？都是超级 CPU 啊？

• 像这样的事情还有很多，在这里我就不一一曝光了。

• 曾几何时，××中学的领导骄傲地大声说道：我们学校已经从农村的二类学校晋升为一类学校！

• 我想问：面子真的那么重要吗？

• 最后说明一下：我在初一"A等班"，我只是看不惯××中学的某些做法，为"B等班"的学生感到不平。

• 最近学校在初一和初二取消了重点班的加班制度。学校也不说明理由。但初三还没取消。

（博文）

心理点拨

1. 重点班的形成根源不仅有教育立法、教育监督机制上的问题，还有国民教育观念落后的问题。相信彻底消灭这种不合理现象已为期不远了！

2. 被分到重点班其实也是有利有弊。重点班的老师的教学水平会相对好一些，学校对重点班的管理会更严格一些，同学们的学习积极性更高，学习上相互促进会更大一些；但是，重点班也会有它不利的一面，比如，学校领导及老师对重点班在未来的升学考试中往往寄予了过高的期望，再加上同学们之间激烈的相互竞争都常常会对同学们造成极大的心理压力，不仅对学习有负面影响，而且对同学们心灵的成长不利。个别不适应重点班的同学还常常会出现学习焦虑症状。所以，进入重点班的同学一定要学会给自己减压！

3. 没进入重点班的学生应该怎么办？如果你在被分到非重点班之后，有长期无法入睡，食欲不振，上课没有精神，甚至在经过重点班门口的时候有心慌、胸闷、手心出汗等现象，你这就是典型的分班心理创伤的应激反应。如果持续一个月以上不能消除，就应该找心理咨询老师进行心理咨询，以修复心理创伤。如果你没有这种反应，而只是感到被抛弃、不被重视，那你则可以通过日记、聊天等形式将这种委屈的心理宣泄出来。如果你对分班完全就是一种无所谓的态度，那么你就要反思自己的学习态度了——自己是不是对学习太不够重视了？而学校的心理辅导教师对分到非重点班的学生则应该及时给予更多的心理辅导和支持。

对于同学们而言，分到重点班并不是什么骄傲的资本，而分到非重点班也绝不能成为自己自暴自弃的借口！

第四章
自我成长篇

1. 本篇寄语：同时活在三天里

　　人的一生其实就是三天时间：昨天、今天和明天。昨天代表的是我们的过去，今天就是我们的现在，而明天象征着我们的将来。

　　一个人能不能同时活在这三天时间里呢？答案是肯定的。只有同时活在三天时间里的人，才是真正完整意义上的人，我以为。

　　活在昨天，意味着你不会忘记过去，代表着对过去有理性的、清醒的认识，能够最大限度地理解昨天发生的一些事情对今天的影响，并能够适当摆脱某些影响。人生是一条河流，昨天的河水如何流动将决定今天河水流动的方向。只有理解了昨天，我们才能很好地把握今天。只有理解了昨天，昨天才会成为我们的财富而不是我们的负担。我们通过活在昨天找到了自己的方向和目标，也就同时活在了明天。而为了实现这个目标付出艰辛和努力的过程才是真正的活在今天！

　　正因为这三天合在了一起，我们才拥有生活的淡定与自如；正因为这三天合在了一起，我们才感到生活的充盈与美妙；正因为这三天合在了一起，我们才对生活充满了期待与梦想！

　　但非常遗憾的是，我们往往会忘记将这三天合在一起。

　　在我们因打击、挫折而无法面对今天的时候，我们往往会选择活在昨天——或者是昨天的辉煌里，或者是昨天的伤心里。我们以为只有昨天的辉煌才可以安慰我们孤寂的灵魂；我们以为昨天的伤心就是我们全部的生活；甚至我们将自己退回到某个早期的生长阶段，将自己"固着"在过去的某种人际关系的模式之中，从而表现出一种停滞性的生长现象。我们忘记了明天，更忽视了今天。当昨天如黄花一般枯萎的时候，我们的今天和明天也随之凋谢！

当我们对今天心存不满而一直无法接受今天的时候，我们有时又会选择活在明天。我们盼望着明天能给我们带来一丝安慰，哪怕那是如海市蜃楼一般虚幻的安慰。我们慢慢滑出昨天的河流，离开今天的土地，在自己编织的童话天空里飘荡，永无归属；或者把自己定位在一种还没有出现的、甚至是根本不会出现的、糟糕的、可能的灾难性结局中，从而使自己陷入一种焦虑性的障碍中不能自拔！

那么，有没有只活在今天而不活在昨天和明天的呢？从理论上讲，是不存在的，因为真正完全地活在今天（佛教称为"活在当下"）其实就是同时活在三天里。那些所谓完全忘记昨天，也完全不想明天的生活绝对不是真正的活在今天——说得粗俗一点，不过是"今天还没死"罢了。最典型的例子就是那些具有反社会行为的人，他们似乎就是活在今天的，但其实他们不过是活在一连串无法终止的、受到"此刻"驱使的冲动之中，他们忘记了过去的教训和当下行为对将来造成的后果。他们不过是一群被欲望控制的机器而已。

按照这个思路继续分析，只活在昨天和今天或者只活在今天和明天都是不可能存在的。

这样说来，我们其实也就只有三种生活状态：活在昨天，活在明天和同时活在三天里（也就是"活在当下"）了。如果你不能真正的"活在当下"，其实就暗示着你要么"只活在昨天"，要么"只活在明天"，都是一种有缺陷的生活。同时活在三天里，就是活在流动的时间里，而不能同时活在三天里，则是对时间流动性的破坏，是对心灵成长的阻碍或摧残！

让我们活在当下！让我们同时活在三天里！

2．成长中的缺陷也有价值

2007 年 9 月 10 日　星期一

天气：阴

当下心情：烦恼

心情指数：★★★★★★

心情故事：

　　近几日来，心理不稳定，好像总有打不开的结。什么事情被我碰上总会思考半天，然后自寻烦恼。我常常抱怨人生的快乐太少，却很少反省自己是否要求的太多。知足常乐，其实是一种境界。这种境界就是抱着满足而豁达的平和心态去看待一切是非得失。这样的幸福和快乐才会长久。

　　我所在的班级不是最好的班级，所以教室纪律难免有些糟糕。我就总觉得学习环境太差。我寻求最深层次的原因。其实就是我自己心里有太多不稳定因素，它们总是影响我的心情，妨碍我的学习。

　　说实话，作为一个班长，心里有太多的不平，外加太多的压力。有时感觉自己被压得透不过气来。班里经常会发生各种小事故。对此，我不可以视之不见：自习课上，教室里闹翻天，我不能置若罔闻。同学们之间闹矛盾，她们会来找我，我不能置身事外。林林总总，杂七杂八的事情让我心烦。这让我彻底领悟到：当官难，当好官更难，当个深得民心的官是难上加难。说句不负责任的话，我真想一股脑的什么都不管。但这并非我的性格，我不能做这样的班长。不管怎样，我都有责任与义务为大家服务，尽管是吃亏不讨好的事情。我真的很无奈，很累！

不能否认一点，作为班干部，特别是在高中时期做班干部，有助于提高以后参加工作管理员工的能力，培养一个领导者的素质，锻炼各种应变的能力。同时，各科老师也会对你多一分关注，对提高学习成绩也起着一定的作用。

我好矛盾啊！真希望每天少一些烦恼，少一些抱怨和不必要的嫉妒。那样，我的心胸就会舒畅一些，生活就会更加美好一些。

（小玲）

心理点拨

我想，这里存在着三个方面的问题需要重新认知：

1. 在紧张的学习中，如何寻找属于自己的快乐？寻找快乐是人的天性，中学生也不例外。知足常乐是一种境界，但并不是唯一的境界。适当追求快乐也是一种境界。没有适当追求快乐的境界，知足常乐的境界有什么意义？而学会在紧张的学习中找到快乐，不仅是学习进步的基石，更是人生的大智慧。小玲同学的烦恼、抱怨、嫉妒都和快乐的缺失有关联。

2. 在班干部工作中，如何区分"可为"与"不可为"？班长班长，一班之长。如果处处亲躬，事事干预，必定会对学习有干扰。如果能够区分哪些是自己必须管的，哪些是自己不必管需要安排别人管的，哪些是别人管后自己要过问的，哪些是别人管后自己不必过问的，哪些是根本就不需要管的，做班级工作就会轻松许多，并且还会促进学习和成长呢！

3. 在自我的成长中，如何接纳不完美的自己和不完美的生活？班级的考试成绩可能不是最好的，但班级的学生可能个个都是有个性的，值得骄傲的；关注自己今后的职业发展是可贵的，但成长中的缺陷也是有价值的。坦然接受"不足"，并利用"不足"背后的价值，自我才能更好地成长！

在以上三个方面的认知重建中，前两项是表象，后一项是深层原因，是关于自我接纳的成长性问题，是需要长期探讨和解决的问题。

3. 在体验中认识自我整合自我!

2004 年 3 月 7 日　星期一

心情故事:

爱情,有时就像樱桃,一生只有一次邂逅。

现在的我们会在别人面前或在笔尖大谈什么爱情,但却从来不肯也不敢说自己拥有过爱情。也许是怕玷污了这两个字的圣洁,抑或是心里也清楚地感到这是不可能的事情!

人是会变的,我从那个单纯的小女生变成了具有一些"中毒思想"的女生,进而又变成了现在的这个乱七八糟矛盾复杂的人。在这个变化的过程中,我似乎并没有太多的感触,因为这变化似乎突然又似乎必然,是荷尔蒙在作怪?!但在这个结果中,我却常常怀念"过去单纯美好的小幸福"。

爱情,似乎是现代青年人永恒不变的话题,我听烦了!大大小小的音像店里放的全是我爱你,你爱我呀!苦恋呀!满脑子充斥着的全是我喜欢谁,谁又在等我的歌曲,真叫我烦,累,厌!

我觉得现代人太喜欢先给自己定个格子,然后自愿走进去,把自己锁起来。即使很难受,也不愿或是不懂得取出钥匙打开锁,放自己出去,去享受那份只有自己才懂的快乐、自由、解放等等,毕竟生活永远属于自己。人生不过短短几十年,为什么要把自己弄得遍体鳞伤。其实任何人都伤害不了你,除了你自己。(又在大言不惭了,这样高谈阔论自己却从来没有做到,努力吧!)

但话又说回来,一撇一捺写个人,一生一世学做人。人既然是智慧生命就因为他们有思想,有思想就必然有感情,有感情就必然会有抽象的痛,痛在心里无法名状。

心理点评

这不是抽象的痛，而是自我认识与自我整合之痛！

根据发展心理学的理论，青少年时期（12～20岁）的一个核心问题是自我同一性的发展，它将为成人期奠定坚实的基础。同一性并不是在青少年时期才出现的，早在幼年时期，儿童已经形成了自我感知。但是，青少年时期却是个体第一次有意识地回答"我是谁"的问题。这一阶段的冲突是：同一性和角色混乱。马西娅等心理学家（马西娅，1987；Penuel&Wertsch，1995）是这样界定同一性的概念的：同一性是指个体将自身动力、能力、信仰和历史进行组织，纳入一个连贯一致的自我形象中。它包括对各种选择和最后决定的深思熟虑，特别是关于工作、价值观、意识形态和承诺等方面的内容。如果青少年无法将这些方面和各种选择整合起来，或者说他们感到根本没有能力选择，那么角色混乱就发生了。

有学者认为，青少年的自我同一性至少包括三个方面的体验。首先，他感到自己是一个独特的个体，虽然可能和别人共同完成任务，但是他是可以和别人分离的。其次，自我本身是统一的。自我有一种发展的连续感和相同感，现在的我是由童年的我发展而来的，将来我还会发展，但是我还是我。最后，自我设想的"我"和自己体察到的社会人眼中的"我"是一致的。相信自己的目标以及为达到这个目标所采取的手段是能被社会承认的。

我们现在就从自我同一性的三方面体验进行分析：在日记中，你感受到了自我的独特性，不会和别人一样在虚幻的爱情中沉沦。你可以和别人分离。也就是说，第一个方面的体验你成功了！但第二个方面的体验呢？你说你从那个单纯的小女生变成了具有一些"中毒思想"的女生，进而又变成了现在的这个乱七八糟矛盾复杂的人。很显然，你没有将过去的你与现在的你统一起来，这样就直接威胁到你对未来的你的把握。要想实现统一，不仅需要一定的思考（其实你一直没有停止思考），更需要在体验中感受自我的丰富，从而抛弃过去对自我简单化、绝对化的认识。这样，你这些所谓乱七八糟的思想之中就会有一个强有力的支撑！由于第二个方面的体验出现了阻碍，所以，第三个方面的体验也就出现了偏差。认为自己大言不惭就是这种偏差的结果。

而你所谓的乱七八糟矛盾复杂的思想其实代表的是你各种不同的亚型人格，它们常常会发生矛盾，需要我们及时去调解。而调解的结果就是自我人格的真正成长。

4. 真正自我：在共性中追求个性

心情故事：

比起盲人，浪费了光明。

比起哑巴，多了些声音。

比起聋子，辜负了耳朵。

比起尸体，多了口气息。

向往光明，但不曾见到。

想靠近温暖，可周围一片冰雪。

只好站在漆黑无人的世界瑟瑟发抖。

六年，整整六年！这六年我是用六年前的十多年回忆走过来的。

我得感谢这十多年的我，我的家人，朋友以及曾经夸赞过我的人，

因为他们都说我是好孩子。

就因为有过这十多年的经历，才让我撑到现在，还未倒下。

我很叛逆。

曾与母亲长达几年的对峙。

"没出息！""看看你哥，再看看你！"我爸说的是我成绩不好。

"不是人"，"冷血动物"，我妈说的，因为她生病，叫我买药，我正在玩游戏，没在意。

但这个"冷血动物"却给偏瘫的外婆擦过屎，洗过尿布！

有点放肆。

曾打过同学，骂过老师，是班主任的眼中钉。

但我又曾在教室里当着哥们的面吃下他扔掉的半个馒头，那馒头是一个农村姑娘的，她家里条件不好，哥们尝了一口说难吃，就扔了，当时那姑娘也在。

我很霸道。

曾在宿舍硬占了一个同学的好床位，理由是他曾欺负小同学，人品不好，同学都骂他。

可我还记得面对一个从小学到高中相互暗恋的女孩不敢说喜欢，因为她在我看

来是最优秀的。我想等到我们一样优秀再说。而我现在，是最垃圾的，我不配！一直到现在，18岁的我还没谈过恋爱，因为我每见到一个女孩都会拿她们跟她比较。

这就是我，一个废物！

你不是废物！你很有才华！很有个性！但是，一个具有完整自我意识的人还必须认识到自己和周围人的共性，要注意和周围的人保持一致甚至是保持一种妥协。只要不涉及做人的原则问题，这就不是虚伪，而是一种自我意识的成熟。

正因为自我意识不成熟，所以你喜欢走极端——在非常的爱心与非常的霸道自私之间摇摆，并表现出一种极端的情绪化反应。在极端化的思维与情绪之中生活，面临的挫折之多就可想而知了。

要亲人、师长、同学们理解你接受你，你首先要认识到自己的心理误区——一个极端并不能成为另一个极端的理由，并学会从极端的情绪中走出来！

总之，只有在保持共性中追求个性，才能建立起真正的自我意识，才能让你感受到自己的价值和生活的意义。

5. 超能力的感觉，源于自我与现实不能和谐相容

2007 年 6 月 20 日　星期三

当下心情：困惑

心情指数：★★★★★★

心情故事：

这真是一件不可思议的事情，它甚至让我以为自己有预知未来的能力。

比如说，在我的脑子里突然蹦出个人来，并没怎么在意，可过了一会，这个人竟然会出现在我的面前！

也许，你们不会相信这些。即使相信了，也会认为不过是巧合。我以前也是这么认为的，可毕竟发生的次数太多了，就觉得这可不是什么碰巧。

就拿今天发生的事情来说吧。

因为每次上物理课的前几分钟，老师都会让我们复习一下上节课学的知识，然后提问。可是偏偏我在上一节课没做笔记，无法复习。我很害怕老师让我站起来回答，因为回答不上来，既丢面子又挨老师的批。在害怕的时候，心里却出现了一个强烈的预感：老师一定会让我站起来回答问题的。当老师点人的时候，我在心里不停地念叨：不要点我，不要点我……但并没能逃过我的预感。老师真的就点了我！我的面子丢尽了！

以前上物理课，也有过这么一次强烈的预感，让我很没面子！

难道，我真的有预知什么的能力吗？不会吧？我现在真的不知道怎么办啊?！什么都不敢想，因为怕实现。我现在只有什么都不想吧？不想，就不会有恐惧，不会丢面子了。不是吗？

（马小芮）

心理点评

中学生朋友热衷于探讨自己是否拥有超能力，其实源于自我与现实的不能和谐相容。

因为没有按照老师的要求去完成学习任务（没有记笔记不能复习），所以对老师的提问心怀恐惧，并对恐惧感到无所适从。要解决这种无所适从，积极、有效的办法是适应环境转变学习态度，不折不扣地完成学习任务，这样无论老师何时点到自己都不会慌张的。但马小芮同学并没有这么做。她选择了一条消极的、幻想的道路：认为这一切都由自我的超能力主宰。只要控制了自己的超能力——什么都不想，就可以相安无事了。

这种自我防御性质的幻想心理，虽然能暂时从某种程度上调和自我与现实的矛盾，但由于这种防御具有极其幼稚的特点，并不能从根本上解决问题。

自我意识在人格结构中处于核心地位。青春期则是一个人自我意识形成的关键时期。每个人都可能在青春期选择幻想的防御机制（比如幻想自己有特异功能，幻想自己有贵人相助等）来平衡自己的心理。只要我们能认清其本质，不沉迷于其中，并没有什么不好，也不会阻碍青春期自我意识的健康发展！但过分的沉迷甚至对自己的幻想深信不疑，不仅会极大地阻碍自我意识的健康发展，严重的还会诱发精神疾病。

相信马小芮同学知道该怎么做了！

6. 性格需要完善而不需要改变

当下心情： 困惑

心情指数： ★★★★★★★

心情故事：

在 21 世纪这个个性张扬的时代，我总觉得自己的性格不合群。从小学到现在，每一位教过我的老师都感觉我性格内向。我自己心里也非常明白，我要变得活泼开朗一些。

妈妈经常对我说："这么不爱说话，你这个性格呀！我看你将来就是考上了名牌大学也找不到工作。"听了这话，我心里很难受。虽然我知道妈妈也是为了我好，想让我改一改。可是，我总是改不了啊！

妈妈还告诉我，现在的孩子绝大多数都是独生子女，没有什么兄弟姐妹，将来踏入社会遇到困难的时候，只能靠朋友的。如果我不喜欢说话，怎么能交到朋友呢？那就真的无法立足于社会了。

现在，我怀揣着自己的梦想。如果将来就因为我一张不会说话的嘴与我的梦想擦肩而过，那不就太可惜了吗？每当我想到这里，我就真的很伤心。

可是，我现在应该如何去做呢？夸张一点讲，我甚至可以十天不说一句话，有时真像一个哑巴。但我又觉得当哑巴并没有什么不妥。我只想为自己的理想去奋斗，我并不想花心思去想别的事情。

也许你会笑，有时候，我真的觉得我的两只耳朵是当摆设的。例如，有人在交谈的时候，我虽然在场，就站在旁边，可是我一个字也没听进去。别人问我时，我不知所云。就连与我同寝室的同学也很惊讶：我每天与她们在一起生活，而她们认识的人，我却不认识；她们知道的同学，我也不知道。已经快两年了，她们已经认识了同年级的大部分同学，而我，本班以外的同学只认识有限的几个而已。

难道我真的改不了吗？不是说"世上无难事"的吗？我究竟该如何去改呢？

（小丽）

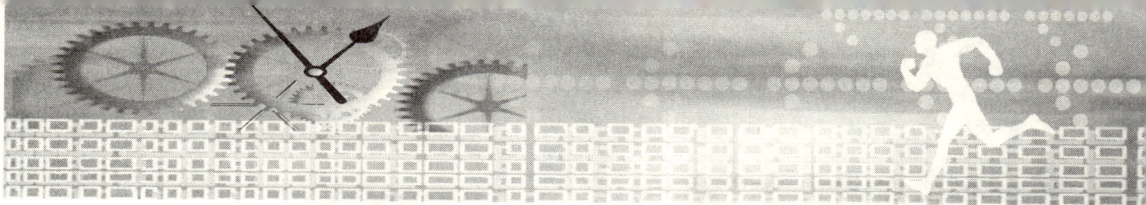

心理点碰

　　对青少年朋友而言，对自我性格的接纳，既取决于对自我的认识，还取决于社会对多元性格的接纳程度。在封建社会里，性格内敛是主流的性格，但因此而批判阻碍张扬的个性，是社会的不成熟；同样，在现代社会，个性张扬是主流，但因此而贬低内向的性格，同样是社会的偏见。

　　对于交朋友而言，只要能付出真心，外向的人可以交到许多的朋友，而内向的人则可以交到十分稳固的朋友。

性格无所谓好坏。内向与外向并无高下之分。一个人只要做适合自己性格的事情（比如小丽同学的性格就很适合做科研工作），性格就是自己前进的风帆；相反，一个人如果勉强自己做不适合自己性格的事情，甚至想改变自己的性格来做事业，性格则会成为理想实现的绊脚石。

当然，无论是内向性格还是外向性格都有一个逐步完善的过程，都应该在本身所具备的性格中加入一点反向的性格。如，外向性格者可以学习内向者的稳重，内向性格者也可以学习外向者的热情。但完善自我的性格必须以保持原有个性为前提！实际上，从心理健康的角度看，如果一个人的性格忽然发生了很大的变化，往往是心理疾病出现的征兆！性格的稳定也是心理健康的基础。

7. 青春期，自主意识的第二次觉醒

2007 年 3 月 19 日　星期一

天气：晴

当下心情：困惑

心情指数：★★★★★

心情故事：

中学生活对我而言是很枯燥的。我相信，大多数的学生也会和我有一样的看法。在来自各方面的压力之下，我们的心情经常阴冷不堪。但是，如果碰到今天这样的好天气，我们的心里也会充满阳光的。

上午还是有点冷，可是到了下午就完全变了。阳光照射在我的脸上，手上，身上，微风轻轻地拂过来，很舒服，是那种能让人感到安稳，心旷神怡的风。头发也是飘起来的，还闪闪发亮。那是阳光的恩赐。

这样的好天气里，广场上该会有许多人在放风筝吧！虽然现在还是无法瞧见的，可是我的心里真的能够感觉到：红绿相间大小不一的风筝似乎就悬在高空中。早已经是不知道那轴线的一端在何处，只知道那些风筝轻轻地左右摇摆着，就好像一个孩子自顾自地玩耍一样，全然不顾旁人的看法或说辞。也许，这正是我喜欢风筝的原因吧！

当我走出童年，来到这多事的青春期时，就似乎再也找不到风筝的感觉了。人都要长大和成熟，可我，为什么会觉得自己越来越糊涂呢？

童年的时候，虽然很多事情都不懂，但心灵是一生中最明净的时候，做什么事情都不会去管别人的想法，知道自己想要的是什么，想做的是什么。那时候的任何想法，不能说是最理智的，但对自己而言，却是最有意义的。

而现在呢？朋友告诉我，父母告诉我，老师告诉我，就是陌生人也这么告诉我："你的任务是学习！"我不知道，真的不知道自己想要的是什么了。以前，他们会这样问我："你想要做什么？"而现在，他们会这样问我："你应该做什么？"

（谢丽莎）

心理点评

第一次自主意识的觉醒是在两三岁时的第一次反抗期。那时自主的主要是自己的身体。而第二次自主意识的觉醒是在青春期，即第二反抗期。这时自主的主要是自己的思想情感以及将来的人生规划。

追求"想要做什么？"而不是"应该做什么？"的实质，正是青春期自主意识的体现。

当一个学生承受着家长、老师太多的压力去学习的时候，学习的快乐就会慢慢丧失，对生活自主的愿望就会受到一定的遏制，自主意识也就会因此而逐渐弱化。

青春期是一个人自主意识成长的第二个关键时期，给孩子多一些自主成长的空间，这样他们才能成长得更好！

值得一提的是：谢丽莎同学是大家公认的品学兼优的学生。而她的上进心正是来源于她强烈的自主意识！可以这样说：尊重孩子的自主意识就是尊重孩子的上进心！

8. 悦纳自己，不是淑女也美丽

当下心情：高兴

心情指数：★★★★★

心情故事：

"咚咚咚"，我迈着强劲的步伐冲上了楼。"我回来了！"进门便是一阵大叫。正在厨房的妈妈无可奈何地要摇头说："你是个女孩子，能不能表现得斯文一点，不要随便大叫，真是的！""妈妈，我……"我更是无可奈何。"我什么？你就不能学一学张玉蝶吗？看人家多文静秀气！"

张玉蝶可是我们班公认的淑女，难道我真的要学一学她？晚上，我躺在床上暗暗下定决心：从明天开始，实施"淑女计划"！

第二天早晨，我静悄悄地喝完一杯牛奶，并轻轻地说了一句："爸、妈，我上学去了。"就蹑手蹑脚地下楼了。

下楼后，看见不远处向我走来的庄淇，就轻柔地对她打招呼："早上好！""早上好！"她也微笑地说。可我还是从微笑中看到了惊奇。到了学校，第一节课是英语，我坐在座位上记单词。我发现有几个单词的发音不准确，便轻声细语地对后面的同学唐锋说："Excuse me！能教我这几个单词吗？"他也是诧异地看着我："怎么一下子变淑女了，有点不对头！"我有点不耐烦了，但还是尽力保持着淑女的形象。他教我读这几个单词之后，还送给了我一句话："能不能不要这么死板，活泼一点行吗？"我瞪了他一眼，没理他。

下课了，我有一道数学题没弄懂，便问旁边的王珂。我轻轻地拍了她一下。而她好像受了惊吓一时没反应过来似地说："你今天怎么了？你平时不是大声叫我名字的吗？可今天你……""今天我要做淑女啊！"我在心里说。

下午放学回到家，我轻轻地按响门铃。随着清脆的门铃声，爸爸打开门，并很异样地盯了我几秒钟，然而他什么也没说。我走到厨房轻轻地叫道："妈妈，我回来了！"我心想：怎么说都是妈妈要我学淑女的呀，现在可以得到妈妈的表扬了吧？可实在没想到的是，妈妈竟然说："好女儿，你是不是不舒服啊？"我听了，差点昏死过去。

哎，没想到我的淑女计划这么快就正式宣布泡汤了。

我站在镜子前，怎么想都想不明白：我的举动为什么会给别人带来这么大的震动呢？我扮了个鬼脸，忽然觉得此时镜子中的我是那么可爱！

（张婧婧）

心理点评

"我的举动为什么会给别人带来这么大的震动呢？"因为你做的不是你自己！

如果这个世界上全是淑女，那么这个世界会是什么样子？是不是和世界上全是一种颜色的花一样不可思议？悦纳自己，不是淑女也美丽。这就是张婧婧同学的"淑女计划"告诉我们的道理。

张婧婧的妈妈真的想让自己的女儿变成一个淑女吗？我想，她不过是希望自己的女儿在保持自己的个性的前提下变得更成熟一些，在一些公众场合更有修养一些。这样，性格才会变得更有弹性，更有魅力！

所以，"淑女计划"可以破产，但淑女的修养还是应该借鉴的。

9. 在乐群中特立独行！

2007 年 9 月 12 日　星期三

天气： 晴

当下心情： 困惑

心情指数： ★★★★★

心情故事：

刚踏进高中校园，报名时，老师笑着问我："你以前当过班长，对吗？再干一年，怎么样？""不，我该让贤了，让别人来施展才华吧！"我也笑着说。"你还是要做好心理准备！"我愣了一下："老师，您饶了我吧！"

第二天，老师宣布班干部，我不在其中。啊！紧绷的弦终于松下来了。我再也不用擦黑板，患肺病的几率就大大降低了！我再也不用管那永远也管不好的教室卫生和那永远闹哄哄的自习课纪律了，也不用替老师跑腿了……啊！真是想起来就爽！我不是官，跟同学们的关系就亲近了不少；我不是官，他们在我面前"干坏事"，我就可以睁一只眼闭一直眼了；我不是官，老师也不会那么那么关注我，呜呜……看来，凡事有利也有弊啊！既然已经成定局，我也只好做普普通通的平民了。不过，我要从另一个方面进行弥补，那就是以优异的成绩让我重新被关注。

这样想来，我觉得自己似乎特别爱表现，可本身又没有什么值得表现的。哎！真是的。

正如海子所写的诗一样：从明天起，我要做个低调的人，但并不是一个平庸的人，我要面向太阳，精神焕发地投入到学习中去。不必太注重自己的成绩，只要自己尽力就好，锁定一个目标，朝它奋斗，争取做一个优秀的平民！

（小玲）

心理点评

　　"乐群性"是心理测试用语，主要测试一个人在工作和生活中与别人合作的喜好程度。

从人的深层次需要分析：乐群是一个人心灵成长的需要。没有他人给我们做镜子，我们是很难认识到自我的；没有他人和我们互动，自我的价值是无法体现的。问题是，我们往往又容易走向另一个极端：我们过多地在乎别人的评价，我们把自己的价值依附于别人之上。比如依附于自己的孩子、自己的配偶、自己的上司等等。乐群本是为了寻找自我，而这样的乐群却让我们迷失自我！因此，在乐群中特立独行，就成为一种理想境界了！

日记中的"你"乐群性显然是比较高的，却在"乐群"与"独行"中惶惑着矛盾着。虽然也有些怕当"官"，但内心深处又渴望被关注，而当"官"是最容易被关注的。没有当"官"，你很失落，即使你不停地寻找不当"官"的好处，用海子的诗勉励自己也不能消除你的失落感。

如果不能做到在乐群中特立独行，不管当不当"官"，你都不会轻松自在。如果你认识到问题所在却始终不能改变，则需要寻求心理帮助了。这样做到了在乐群中特立独行，才能真正实现超越自我的目的！

10. 成长就是痛并快乐着

2007 年 4 月 18 日   星期四

天气：阴

当下心情：平静

心情指数：★★★★

心情记录：

思索我们的青春，也只能用"奇怪"来形容它。它就像一条尾巴一样沉重，在岁月的墙壁上留下奇异的痕迹；它又像一双翅膀，在心灵的蓝天中摇曳，久久不肯离去。

记得有人说过一句话："成长就是痛并快乐着"。

对啊，在成长中，我们经历过痛，有失败挫折之痛，有悔恨伤感之痛。当我们为了一点小事与同学吵架时，当我们为了一件情有独钟的衣服而与父母发生争执时，当我们认真地去做事情却换来打击时，我们那脆弱的心灵就开始感受到成长之痛。

也许，对大人们来说，它是毫不起眼的，对我们却是影响深远。

成长如同正在蜕皮的蛇，为了躯体的方寸改变而必须忍受切肤之痛！

快乐，无疑是痛苦的孪生姐妹。青春的我们拥有无比的活力与天真，总是无数次幻想我们的未来是多么美好，生活是多么舒适和幸福。我们甚至会想一辈子在简单青春的陪伴下活着，不会去想成人世界里所谓的利益、权利与金钱。在我们的眼里，也许世界就是简单。

我们喜欢慵懒地趴在桌子上写所谓的青春的文字。它包含着简单、纯真。我们喜欢听笔在纸上用力划过的"嘶嘶"的声音，犹如青春在半空中激烈鸣叫，显得如此美妙和动听。虽然，我们知道，笔下的纸会疼，我们的青春会疼。在晨曦微露的早上，在夜色静谧的晚间，对灵魂进行必要的穿刺，会让我们觉得原来我们还是那么的稚嫩和肆无忌惮！就像生命的火花在点燃，虽然那是一个艰难的过程，却让我们懂得了生命的意义！也许在深夜的那片天空，隐藏着我们不可泯灭的未来！

也许，人生是一盏灯，一首歌或是一场戏，总有熄灭、唱完、谢幕的时候。而生命的长河就是这样开始，结束，再开始，再结束……无论如何，我们都将背负着各自的快乐与痛苦往前走，不回头。

心理点评

痛苦与快乐是一对矛盾体，但也是一对统一体。中学生朋友往往只认识到它们的矛盾性，而忽视它们的统一性。随着中学生理性思维的增加，他们慢慢学会感受一种叫着"痛并快乐"的生活。

与痛苦同行，与快乐同在！这才是真正的人生，这才是真正的成长。只有在痛苦与快乐中长大，在成功与挫折中成长的青年，才会有一个光明的未来。痛苦与快乐缺一不可！认识到痛苦的价值，认识到痛苦和快乐密不可分的关系，我们才能用一颗坚强不屈的心面对人生每一个挫折。

青春期的你们，或许还有一点叛逆，有些许不愿长大的心理，还有对简单生活的渴望。但你们不会停下思想的脚步，更不会迷恋路边的风景。在亲人和老师的目光里，你们正勇敢地前行！

11. 追星就要追得健康追得快乐

2008 年 3 月 3 日　星期一

天气：晴

心情故事：

去年，我的偶像是东方神起，最近，我又超喜欢俞灏明，每天都看他的海报，越看越觉得帅！但同学们都说我有神经病。天啊！冤枉啊！不就是那件事嘛？

那次，我买了一本俞灏明的写真集，在寝室里唱《青藏高原》，不知不觉将"那就是青藏高原"唱成了"那就是爱俞灏明"。然后我又把明王子（俞灏明）的写真集上的照片剪了下来，还边剪边喊："灏灏，爱你！明王子最棒！明王子最好！明王子最帅！芋头们（指灏明的粉丝）：如果爱，请真爱！如果爱，别伤害！明天会更灏……"

当时，室友们都说我眼光畸形。不是呀！明明就是喜欢明王子嘛！喜欢难道也有错吗？

（小虹）

心理点评

青春少女追男歌星。好！恭喜你！

为什么要恭喜？因为追星的过程既满足了你日益萌发的朦朦胧胧的对异性的感情，又相对比较安全——这是一种虚幻的满足感情的方式，一般不会对生活产生什么实际的干扰。如果你此时追星的行为受到了某种打压——如受到父母的禁止，这一条安全的情感渠道也许就会被堵上，那么情感的潮水就可能被逼进一些非安全的渠道（如广泛结交社会上的异性朋友之类）。同时打压还有一个很自然的结果就是：你会越来越叛逆，再也很难心平气和地接受父母老师的教育了。

前面说了：追星是因为虚幻而安全，那么，我们在追星的时候就一定要注意将我们的行为控制在虚幻的范围内——当然，虚幻的同样是珍贵的——千万不能让这种虚幻的情感干扰自己的学习生活，更不能去干扰偶像的生活。而刘德华粉丝杨丽娟显然就是一个不能将虚幻与真实分开的典型。在心理学上，区分虚幻与真实的能力不仅是心理成熟水平的标志，也是区分心理正常与心理异常的重要标准之一。

如果一心想将虚幻的感情变成现实，则会如杨丽娟一般的危险。这是追星一族必须引以为戒的。

从日记中来看：你表面狂热的追星行为只是一种自身情感的虚幻表达，和偶像们的关系并不大。或者说，偶像们只是起到一个很好的情感载体的作用。

总之，学会认清自己感情的本质，把追星控制在一定"度"的范围内，这样才会追得快乐，追得健康，才不至于出现人格发育的停滞，甚至出现如杨丽娟一般的追星悲剧。

12. 世界上最遥远的距离

2006 年 8 月 17 日　星期四
心情故事：

今天，我同学的奶奶去世了。中午，她大哭了一场。我安慰她："人死不能复生……"哪知，她哽咽地对我说："其实，我并不完全是因为奶奶的死去而难过，我更后悔当初没有正视过奶奶对我的爱……"我默默无语，接下来又是一阵沉默……

其实，爱就在我们的身边，形影不离，众里寻她千百度，蓦然回首，她就在灯火阑珊处。但是，对于这伸手可得、近在咫尺的爱，我们却从未重视、珍惜过，即使重视了，也假装丝毫没有放在心上，用自己冷漠的心对爱自己的人掘了一条永远无法跨越的沟渠。

"世界上最遥远的距离，不是生与死，而是我就站在你面前，你却不知道我爱你。"我们应该以一种积极的眼光去发现"爱"：早晨，父母为晚起的我端来热气腾腾的面条里有爱；孤苦无助之时，远方友人鱼雁传书，捎来的是爱；尴尬无奈之际，路人那宽容的微笑，理解的问候中有爱——这太多太多的爱，当初怎么没感觉到呢？

"我和你坐在窗前，我发现你看云时很近，看我时很远……"

雨果曾说过："人生至高的幸福便是感到自己有人爱。"的确，被爱是幸福的，但越是幸福的东西，人们往往越不会去珍惜。因此，日久天长，人与人之间便产生了距离，是心与心的距离，而我们，则永远不敢推开那扇尘封已久的心门……

"世界上最遥远的距离，不是生与死，而是我就站在你面前，你却不知道我爱你。"我默默地吟念着，我不明白，何时这个距离才会拉近。但是，我心里坚信，何时，我们只要发现人世间的真爱，那个时候，这个距离也将消失。我心里坚信，拥有一颗感恩之心，能使冰雪消融，能使冬天变成美丽的春天，能使人的心灵拉得更近……

（小捷）

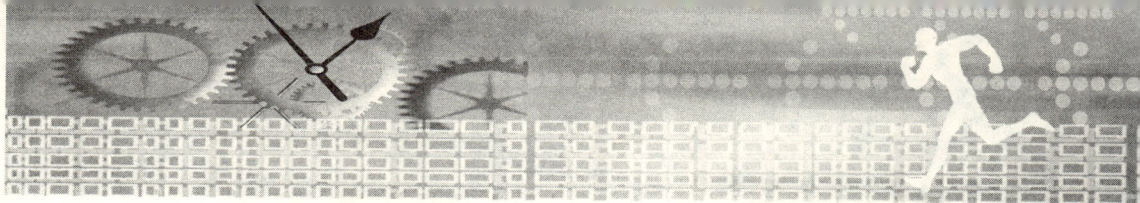

爱是一种能力！这种能力首先表现出来的是爱自己。因为爱自己，所以爱身边的亲人；因为爱身边的亲人，所以爱自己的家乡；因为爱自己的家乡，所以爱自己的祖国；因为爱自己的祖国，所以爱整个人类，从而成就自己最博大的爱。

"世界上最遥远的距离，不是生与死，而是我就站在你面前，你却不知道我爱你。"因为那时的"你"极力想将自己的全部美好的幻想都寄托在一些遥远的人和事上面。而寄托幻想的过程就是对幻想的认同过程。"你"沉迷幻想的过程实际上就是自我迷恋的过程，是爱自己的表现。"你"不能走出自我，当然就无法真正感受身边那些真挚的爱，也就更谈不上爱身边的人了。而当有一天，"你"忽然发现：真正的爱其实就在身边的时候，"你"爱的能力就已经上升到了一个新的层次了！

13. 下辈子，我要做男孩

2007 年 8 月 18 日　星期六

心情故事：

"小艳，你知道吗？小时候就因为你不是男孩，你妈把你扔了，还好你爸心软，把你抱回来，否则……哎！"天呀！天底下哪有这样的妈，就因为我不是男孩，竟要扼杀我的生存权利，我心有不甘呀！

虽然现在，我妈把我当成宝贝一样，但我心里还是想成为一名男孩，不仅仅是因为我妈，还有……

"女孩子要站有站相，坐有坐相，走路要一步一步地来，做事不能风风火火的……"老妈又把她的《淑女宝典》拿出来教育我了。实不相瞒，本人虽是女孩子，却没有女孩子的温柔贤淑，也没有女孩子的心思缜密。于是老妈开始了对我的教训，做女孩子要怎样怎样，我装装样子认真地听，但我是心不甘，情不愿。

凭什么男孩可以大大咧咧，而女孩就要听话乖巧；凭什么男孩可以大着嗓门使劲喊，女孩却只能轻声细语；凭什么男孩可以两步并作一步走，而女孩却要一步分成两步走；凭什么男孩就是勇敢的代表，而女孩只能象征着软弱。想想这些我就埋怨上苍的不公，为什么我偏偏是女孩。

既然女孩的形象是这样软弱，我何不将其改变一下，做一天男孩试试。

首先，我把自己的长发盘起（剪成短发，我舍不得），穿着一身休闲的运动服，踏着一双不合脚的运动鞋。男孩不是代表着正义吗，所以班里一些不公平的事，我都插上一手，虽然结果总是吃力不讨好。没关系，做"男孩子"就要心胸开阔，不与他们一般见识。体力活，大家不是总说女孩子不行吗，今天打扫教室我就拎起一水桶，潇洒地走出教室，回来时，我已是体力不支，狼狈不堪了。红红火火地做了一天的男孩，最终得到全班同学怪异的目光。回到家告诉妈妈我一天的经历，结果还受到妈妈的一顿数落。

自古以来，女孩就有着温柔、认真、仔细的特性，看来我是无力改变了，唯有把自己变成标准的女孩才是上策，但求下辈子老天让我潇潇洒洒地做一回男孩。

(小艳)

心理点评

"你妈把你扔了"。大人这样一句玩笑话竟然对孩子的性别认同造成影响，这是许多大人们所意识不到的。而大人们对女孩子个性的一些限制也会让一些叛逆的女生对自己性别生出一些不满。

根据容格的分析心理学理论，每个人的心中都一个与自己性别相反的人格特征。男性心灵中无意识女性成分叫"阿尼玛（Anima）"。女性心灵中无意识男性成分叫"阿尼姆斯（Animus)"。千百年来，通过共同生活和相互交往，男性和女性都在一定程度上获得了一些异性的特征；也正是这种特征的存在，才保证了两性之间的协调和理解。因此，大人们必须允许男孩子人格中的女孩子性格和女孩子人格中的男孩子性格在生活中展现，只有这样，才能保持人格的和谐与稳定。当然，这里有一个前提就是：男孩子首先必须接纳自己的男孩子性格；而女孩子必须首先接纳自己的女孩子性格，否则会造成自我角色混乱。如果完全排斥自己的对立性别角色（即女孩子完全排斥男孩子性格，男孩子完全排斥女孩子性格）又会带来个人人格的片面发展（男孩子往往会大男子主义，女孩子会过分依赖他人），给今后的生活带来不利的影响。

所以，小艳同学完全不必等到下辈子再体验潇洒的人生。一个温柔的女生同样可以适当适时地像男孩子一样潇洒一回！

14. 挥之不去的旋律

2008 年 8 月 30 日　星期六

当下心情：困惑

心情指数：★★★★★★★

心情故事：

　　本来，高三了，我应该心无旁骛、争分夺秒地努力学习才对，可是我近段时间老是开小差。人家开小差是为某个人，或者某个好玩的事情，而我竟然为一首歌开小差。

　　前段时间，我偶然听到了《宁夏》这首歌，觉得特别好听，于是就借同学的MP3 反复听。后来发现我在听课、看书会不由自主地在脑海中回味这首歌的旋律。我知道这样很不好，于是决定不再想这首歌了。每次上课前我都会告诉自己要努力学习，不许开小差，但奇怪的是我怎么也控制不住，甚至越来越严重——整节课都难以从这首歌的旋律中解脱出来。我感到这首歌对我学习的影响越来越大了。

　　中考的时候，我本来只考了一所很普通的高中。因为我特别想上大学。于是家里人花了好几千元才把我转到了现在这所重点高中。几千块钱对大城市的人不算什么，但对于我们这种农村的家庭，就是一个很大的数目了。如果我考不上大学，还有什么脸面去见我的父母。可按现在的情况发展下去，恐怕高考真的就完了。

　　我真后悔当初听了那首歌。我不明白的是：一首歌怎么会有如此大的吸引力？我该怎么摆脱它的控制？

（小薇）

心理点评

　　因为你很喜欢这首歌，并且曾经反复去听这首歌，这首歌不断出现在你的脑海就十分正常、十分自然了。其实很多人（包括我自己）都有过这种体验，是大可不必放在心上的。

心理学研究表明：硬要把一首歌从脑海里驱逐出去，只会弄巧成拙。事实上，令你痛苦的并不是那首歌，而是你极力企图阻止自己思想感情的现状。除了顺其自然，还会有别的什么办法吗？

你发现任由一首歌曲在脑海里回荡是一件很舒服的事情的时候，你为什么不抓紧时间学会这首歌并每天起床时高歌一次？如果你不喜欢这首歌了，你不妨去想一想自己突然不喜欢的玄机。

我们一起来感受一下这首歌：宁静的夏天/天空中繁星点点/心里头有些思念/思念着你的脸/我可以假装看不见/也可以偷偷地想念/直到让我摸到你那温暖的脸/知了也睡了/安心地睡了/在我心里面宁静的夏天/那是个宁静的夏天/你来到宁夏的那一天。歌词表达了宁夏某中学的孩子们对大学生支教老师的思念之情。而其中的意境则像一首表达少男少女情怀的朦胧诗：甜美、宁静、温暖而唯美。相信每个听过这首歌的人都会被它如梦般的意境和旋律所打动，并在某个黄昏挥之不去。

在这首歌曲中，哪句歌词最让你不能忘记或者说最让你感到痛苦？最不能忘记的那句可能就是你内心最渴望但压抑又最深的情感。这句歌词在你的意识深处不断地唤醒你，而你的理智又不断地去压抑它。在这种心理的较量中，你的痛苦就不言而喻了。理智的压抑不仅不能降低这种渴望，相反还会激发这种渴望产生更大的能量。这就是为什么要顺其自然的原因。

除了顺其自然之外，发现并认清自己内心深处的情感需要并适当地满足它，你才能很好地面对高考，才能获得成功，而不停地内疚与自我压抑只会让你走向心灵的监牢！

15. 优等生，请珍惜你的失落感

2007 年 12 月 30 日　星期日

当下心情：困惑

心情指数：★★★★★★★

心情故事：

我从小学到高中都是班长，成绩也很突出，我的周围是赞扬声一片。进入高三

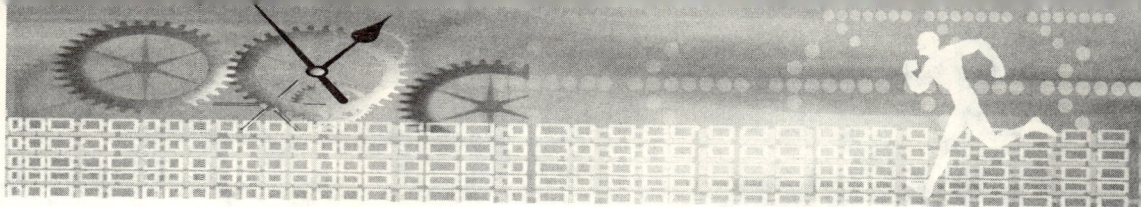

后，学校也很重视我，准备介绍我入党。也许是从事班务及社会工作太多的缘故，我的成绩渐渐不如以前那样突出了。我心里开始有某种失落感，并感到了某种莫名的威胁。高三上学期一次摸底考试，不少学生的学习成绩与我的差距开始缩小。特别是其中的一位女同学，我觉得对我的威胁是最大的，她的总分竟然高出了我15分，我感到心里很不是滋味。我觉得班务工作没劲，书也看不下去，行动也变得懒散起来。高三下学期开学后，我开始不知不觉地注意那位女生，她干什么，我就干什么；上课时注意力再也无法集中了，感到思维停顿，经常是不由自主地注意她。继而，我开始失眠，成绩开始下降，甚至在一次测验中几门课不及格。哎！我这是怎么啦？

（小优）

心理点评

在一片赞扬声中，人是最容易产生自负心理的——这不是某个人的问题，而是普遍的人性的弱点。所以，明智的老师或家长总会想方设法找一些缺点来警示那些一帆风顺的学生。同样的道理，又会反过来竭尽全力找一些优点来鼓励那些失意的学生。至于那些缺点和优点是不是真正的缺点和优点并不重要，重要的是要帮助学生们平衡好自己的内心。

无论是滑向自卑的一端，还是自负的一端，都是内心平衡被打破的结果。而这两个极端还会互相转化，即自负过后往往是自卑，而自卑之后又往往会有短暂的不稳定的自负产生。甚至有些人的自卑往往会通过自负来表现哦！

在你自负的时候，有人给你泼冷水吗？在你失落的时候，有人给你鼓劲儿吗？如果没有，你就需要学会利用生活中的失败与成功来平衡内心，学会在适当的时候自己给自己浇冷水或鼓信心。

他人的关注可以激励我们成长，也可以限制我们的成长。如果家庭、学校将过多过高的期望投向你，你的成长可能就会受到一定的影响。如果此时的你不是自负又自卑，就会迅速地调整好自我，该放弃的放弃，该抓紧的抓紧，奋起直追——毕竟你是优等生啊！可惜，你没有做到这一点，你没有珍惜此时的失落感以平衡自己的内心，相反，你无法忍受失落。焦虑不安的你甚至产生了带有强迫倾向的思维——老是不由自主地注视你心中的假想敌。

要想从焦虑不安中解脱出来，接受并珍惜自己的失落感就成为关键中的关键，因为失落感其实是上帝赐予你成长的最好契机啊！相信自己，你能行！

16. 姐弟关系也需要变化

2007 年 9 月 24 日　星期一

天气：阴

当下心情：苦恼

心情指数：★★★★★★★

心情故事：

　　我是姐姐的双胞胎弟弟，我们 18 岁，我从小就爱与姐姐亲昵。现在长大了还是这样，总想叫她把我抱在怀里，幻想着她亲吻我，我在她怀里撒娇的情景。在我的眼里，姐姐好漂亮好漂亮（事实上，她就是非常漂亮的女孩子，还很温柔，善良），我从小就爱摸她的头发，玩弄她头上戴的发卡、蝴蝶结等女孩的美丽的头饰。现在，我还是经常有这种冲动。我甚至幻想，和小时候一样，和姐姐在一起睡觉，睡在一个被窝里，让她抱着我睡。我保证我对姐姐绝对没有非分之想，但我确实是想这样。可我又怀疑这是不是姐弟恋。

　　因为有了这些想法，我和姐姐在一起的时候，感到十分不好意思，羞涩，腼腆。尤其是最近从亲戚那得知了一个父母隐瞒我，我一直以来不知道的事。2002 年暑假，我在上海小姨家住的期间，爸爸妈妈带姐姐去了天津的大伯家串亲，那年天津自然博物馆举办名为"男孩，女孩"的性教育展览。姐姐是个从小温柔、羞涩、内向的女孩。爸爸妈妈带着 14 岁的她前去参观，由于心情过度的紧张，加之天气热，在参观过程中，姐姐竟然昏了过去，幸亏及时被送到医院。姐姐当时还哭了，后来爸爸妈妈又带她去看了一次，比第一次要好多了。我也是个内向的男孩，现在我知道这件事后，总觉得不自然，很尴尬，想起来，脑子里就会复杂了，思绪有点乱了。导致我不愿意在外人面前提到她，不愿意单独和姐姐一起出去，甚至现在和姐姐面对面说话我都会紧张心跳，现在姐姐在电视台做实习记者，以后一旦出现在银幕上，会有更多的人认识她，我更加担心以后和姐姐出去，姐姐会被人关注，那么我会更不自然了，我很苦恼。

（小龙）

心理点评

18岁了，姐弟之间是必须有一定的疏远了，不仅是身体的疏远，还包括心理上的疏远。身体上的疏远是为了预防有关性的问题。虽然你觉得你没有非分之想，但你的幻想已经是非分的了。如果不加以克制是有问题的，甚至是危险的！

心理上的疏远则是为了彼此的成长。也许你会认为，这样没什么啊！和姐姐在一起很开心，有什么不好？18岁的男孩子要走出家庭的圈子向外寻找心灵的空间了，如果不能在心理上和姐姐适当分离，你就不可能完成青春期的成长历程，无法成为一个真正的男子汉啊！

通过和姐姐交往学习如何和异性相处，是一种好的途径。在幼年能够和姐姐建立一种亲密的关系，从某种意义上说，为今后和其他异性建立亲密关系打下了基础。只要能把握一定的分寸，能在进入青春期后及时和姐姐在心理上分离，这不但不是坏事，还是好事呢！而从你的倾诉中可以发现，你还没有足够的勇气来和姐姐疏远，也就一直没能走出儿童期的姐弟关系，建立适合青春期特点的姐弟关系。而要建立适合青春期特点的新姐弟关系，关键是自己如何给自己定位，如何融入社会的问题，也就是要解决自我成长的问题。

当你感觉姐弟关系有问题的时候，你应该敏锐地认识到，本质上是你在社会化过程中出现的成长问题。

所以，与其关注姐弟关系的问题，不如转移视线思考社会适应问题和社会交往问题！

当然，如果姐弟的关系问题已经严重影响到了你的社会适应能力，则应该做专业的、系统的心理咨询了。

第五章
学习考试篇

1. 本篇首语：奖励孩子学习是一件危险的事情

在生活中，我们经常会听到家长这样鼓励自己的孩子："这回你要是考过了90分，妈妈带你去吃麦当劳。考过了100分奖给你200块！""如果期末排名进了前十，妈妈给你买电脑！"

家长们似乎觉得，对孩子的物质鼓励越多，孩子的学习态度转变得就越快越好，学习成绩提高的希望就会越大。

然而实际情况是怎样的呢？高额的物质刺激并不能调动孩子学习的积极性，孩子们的学习成绩也不见提高。这样，部分家长就开始绝望了，认为自己的孩子天生就不是学习的"料"，并产生了放弃的想法。

那么，究竟是因为孩子不是学习的"料"，还是父母的方式有问题？答案当然是后者。

为了让部分家长认识到自己方式上的问题，先有必要介绍一下著名心理学家费斯汀格的认知失调实验：他设计了一项让人很不喜欢很乏味的任务，让三个被试组分别去向另外一些人推荐这个任务并撒谎说这个任务很有趣。为了鼓励三个被试组做这项令人厌恶的工作，他给其中的两个被试组分别给予10美元和1美元的奖励，而对另外一个组不予奖励。任务完成之后，要求他们给这项活动打分。其结果大出人们的意料：高奖励组的被试组觉得这项任务很讨厌，而没有奖励的那个被试组却觉得这项任务并不那么讨厌。费斯汀格由此建立了社会心理学上著名的认知失调理论：当人们不喜欢某项任务，但又必须去从事的时候，这种感觉是难受的。如果行为是不能改变的，那么他就会本能地去改变态度，以减少认知失调感。而如果给予了他们这样做的充分的动机（如高奖励），他们就不会体验到认知失调，因而也就不会去改变讨厌该行为的态度。

　　一个孩子不爱学习，但又必须去学习。这就是认知失调。认知失调会让孩子觉得不舒服。如果学习活动不可逃避，孩子就会通过转变学习态度来消除失调感。如果在孩子为学习而不舒服的时候，家长给予孩子高额的物质奖励，孩子的失调感就会消失。失调感消失了，态度的转变就可能停止！所以，在孩子认知失调的学习过程中，高额的物质奖励不仅不会让孩子爱上学习，相反会让孩子产生为父母为金钱学习的思想。

利用孩子在学习中的认知失调促使孩子自动改变学习态度，而不是用高额的物质奖励消除孩子的认知失调，其实质就是相信孩子自我成长的力量，注意挖掘孩子自我成长的潜能！

当然，适当的奖励在孩子的学习过程中也是必要的，但那主要是针对孩子学习过程的努力程度和良好学习习惯的强化，并不是针对学习态度的转变，也最好不要经常针对学习结果。

这样，再回到开始的例子，我们就会发现，家长正确的做法应该是：如果孩子学习很努力，学习习惯很好，不管结果会怎样，家长都应该及时的奖励，而不能等到结果出来之后才肯奖励孩子。（我在前面的一篇文章里提出，给考砸的孩子发奖品，因为考好了本身就是一种巨大的精神奖励，你再给他奖励，意义已经不是很大。而给考砸的孩子以奖励，奖励他从不懈怠的努力，则意义非同寻常！）

总之，我们要善于利用孩子的认知失调改变其态度，要善于运用奖励强化其良好的学习习惯！孩子的态度与习惯都到位了，学习还会不到位吗？

2．粗心马虎有时是能力问题而不是态度问题

2008 年 1 月 26 日　　星期六

当下心情：无奈

心情指数：★★★★★★

心情故事：

我是一名中学生，正在读初一。我现在最大的烦恼就是"马虎"。"马虎"的滋味可能人人都尝过，人人都和它打过交道。"马虎"在很多人身上只停留一会儿就会离开，再跑到其他人身上做坏事。而"马虎"似乎特别钟爱我，好像要长在我身上似的，怎么甩也甩不掉它。它不断干扰我的学习，使我的作业不断地出错，使我的学习成绩下降，对我的心灵造成了伤害。比如：做数学题，我照着题目把数字写错；明明心理想的是"8"这个数字，可写出来却是另一个数字，自己都莫名其妙！每次作业发下来，看着做错的题，心里就是一阵酸楚：又不是做不好，为什么就偏偏马

虎写错了呢？前几天，语文老师发给我们一人一张书写纸，让我们回去写书法。我很高兴，仔细地写完了。可一检查，又掉了几个字。怎么办？我又没有第二张纸了！我急得哭了。爸爸知道了，又训斥我一番。我就更伤心了。

其实，我也想过法子的。比如，把"仔细认真"写在床头，每天看几遍，提醒自己一定要仔细。刚有点效果的时候，"马虎"就又大驾光临了。不只一次，老师说帮助我改掉这个坏毛病，可就是一会儿好一会儿坏。

每当想到考试，我就着急，生怕做题的时候马虎。

我该怎么办？

（张琴）

心理点评

张琴同学因为马虎而焦虑，又因为焦虑而使马虎升级。所以要去掉马虎的坏毛病，首先要去掉焦虑。去掉焦虑不仅是要树立信心，要用一颗平常心对待马虎，而且家长和老师也要淡化分数：只要孩子（学生）掌握了知识，分数低一点就不要去追究了。

分数低一点不要去追究，并不是说就对马虎放任不管了。恰恰相反，不追究是为了更好的追究！因为马虎有时并不是态度问题，而可能是孩子存在着学习障碍。

影响孩子马虎的因素有许多，但有两个是最基本的：一个是视觉的注意力，注意可以分为注意力的保持，即注意时间的长短，还有一个是注意力的分配。粗心的孩子可能属于两者中的一种。计算或写作时马虎，可能是注意力分配落后，当孩子们从事书写和计算，或者写字和构思这两个任务时，会因为一心不可二用，而出现马虎的错误。也就是说他们不能将自己的精力很好地分配于两件事物上。当然还有一些人是属于注意力保持时间短，不能专心投入，也会出现马虎。

另外一个更为主要的因素是视知觉加工能力，包括视觉记忆能力（即能在短时间内记住所见的材料）；视觉分辨能力（即能观察数字或文字的细微差别），还有就是视—动统合能力（即手和眼的协调能力）。学习过程中，80%以上的信息要通过视觉传递到大脑，如果一个人视知觉能力落后于年龄水平，就有可能出现看错行、抄错数的情况。

我们认为，除了少数学习态度不端正的孩子外，大多数粗心马虎的孩子都是无辜的，并不是只想玩，不想学习，属于能力上的落后而不是学习态度上的问题。现代教育心理学可以通过专业训练来矫正这样的儿童。

而要避免孩子出现学习障碍，家长则需要注意如下几点：

1. 不过度溺爱孩子，让孩子在家庭中有更多动手机会。比如，孩子的事情家长不要包办，鼓励孩子多做家务等；

2. 注意孩子的营养问题，避免孩子偏食，尽量少吃零食等；

3. 加强协调性方面的体育锻炼，如跳绳、打乒乓球等。

3. 上课走神为哪般？

2004 年 3 月 7 日　星期一

当下心情：烦恼

心情指数：★★★★★★★

心情故事：

开学了，我的烦恼又开始了。第一天上课，我就走神了。

为什么我上课总是心不在焉？这个烦恼自从我开始上学就缠上了我，现在已经七年多了，不管我怎么克服都没有用。每当上课时，我总是不知不觉就走神了，等老师让我站起来回答问题的时候，我还不知道老师讲的是哪道题。妈妈常常教导我，只要认真跟着老师的思路想问题，总会跟上进度的。我按照妈妈的话去做，可结果还是老样子。在课堂上，我常常感觉有什么东西要来临似的，等我一回神，老师已经讲完了。

我上课不认真听讲的毛病已经成为我前进的最大障碍。新学期，我希望自己能尽快改掉这个毛病！

（张琼）

心理点评

在小学和初中学生中，我们经常可以见到学生走神，听不进课的例子。如果是偶尔走神，是正常的，毕竟每个人的注意力集中的时间长短不同。如果是经常走神，那就必须引起重视了。

　　导致学生上课走神的因素很多，其中，教育者本身的水平不足以激发学生的兴趣、教育内容偏难或枯燥、孩子没有培养好的学习习惯、孩子的心理压力过大、身体疲倦不适、神经系统发育的问题等，甚至营养不良也可以导致孩子注意力下降，从而表现出走神。此外，一些缺少听讲能力或听觉能力的学生也容易出现上课无法认真听讲的状况。

　　根据张琼同学的描述，她自打一上学就开始走神，我们初步可以判断她上课走神的原因可能是缺少听讲能力所致。对此，张琼同学也不必害怕，因为听讲能力的缺乏是可以通过后天的训练加以弥补的，为此，张琼同学可以尝试以下的方法进行弥补：

训练声音辨别能力：张琼同学可以经常有意识地辨别声音的高低、大小、强弱、音色、声源的方向等，以此来增强自己的听觉分辨能力。

训练听觉理解能力：可多与父母交谈，多接触各种声音，充实与生活相关的词汇。少看电视多听广播也是一个好途径。

训练孩子的听觉记忆能力：可选择一些自己感兴趣的、难度不同的声音或话语，认真地听并模仿表述出来，以此来提高听觉记忆能力。

训练编序能力：听觉编序能力是指孩子能将过去听觉所获取的资料以正确而详细的先后顺序回忆出来，以及将所获取的听觉信息加以组织使之有意义的能力。它对孩子将所学知识有系统地记录下来非常有益。可以通过听故事并复述、顺背倒背数字等提高这方面的能力。

训练听说结合能力：听与说的结合涉及孩子对词汇的联想、推理、分析和判断能力。张琼同学可以通过学说同义词、反义词，听音乐进行联想，将句子补充完整，听故事、自编故事的形式来训练自己的听说结合能力。

4. 学会用瓦伦达心态面对学习压力

2007 年 3 月 7 日　星期三

天气： 晴

当下心情： 烦恼

心情指数： ★★★★★★★

心情故事：

哎，今天晚上又是英语。由于这个学期时间太短，老师们都在拼命地赶课，赶得我们头都大了。英语老师 Mrs. Ji 一脸严肃地走进了教室，并用她那惯有的冷冷的语调说："今天我们来学习……"翻开课本一看，天啊，这么长的英语短文，少说也有几百个单词啊！占据了大半页的篇幅，看得我们眼花缭乱。我不禁在心里默默祈祷：千万不要让我们背啊！哪知天偏偏不遂人意，就在我想入非非的时候，Mrs. Ji

说:"这篇课文必须背!""啊!这么多!"全班同学愤愤不平地说。"啊什么啊?星期二之前必须背完,否则就别怪我不客气!"老师的话打破了我最后的一丝侥幸心理,给全班同学下了一道死命令。看来,我们又是在劫难逃了!Mrs.Ji 孜孜不倦地讲解着短文。可同学们哪有心思听啊!一想到要背诵,就个个唉声叹气起来。但英语毕竟是最重要的学习科目,同学们绷紧着的脑子还是跟着录音机读了起来,就像课文里的那句话:over and over again,一遍又一遍重复着每一个单词、每一个句子。学习本是件快乐的事情,可为什么我们会感觉如此枯燥无味呢?我想,这是一个值得深思的问题。

(小宇)

心理点评

瓦伦达是美国走钢索的杂技演员。钢索一般悬在离地面几十米的高空,没有任何人身安全保护措施,还有来自风雨等不利因素的干扰,人在上面行走,其险象可见一斑,但他始终能获得成功。对此,瓦伦达说:"我走钢索时从不想到目的地,只想着走钢索这件事,专心专意地走好钢索,不管得失。"后来,心理学上把这种专注于做自己的事情,不为赛事以外杂念所动的心理现象称为瓦伦达心态。在学习中(特别是考试中)忽略对结果成败的关注,力求有稳定的瓦伦达心态,就显得非常重要。

你在英语学习中过分地关注背课文的结果,其结果是陷入了自己挖下的陷阱之中:因害怕结果而造成学习效率低下,又因学习效率低下更加害怕结果。这种现状是谁造成的呢?你在日记中对 Mrs.Ji 一直是埋怨的语气。同时你一直在用"我们"做陈述的对象,言外之意是我们同学们都害怕英语、害怕 Mrs.Ji,是她粗暴简单的方式造成了我们普遍的背书恐慌。这是典型的外归因。它虽然让你获得了心理上的暂时平衡,但不能解决问题,因为还需要用内归因认识你自身的问题:

1.缺乏理解和沟通。尽管老师的方式客观上值得商榷,但主观上只是想激发同学们的斗志。如果有的同学努力了,还是不能背诵下来,老师也绝不会真的"不客气"。如果连这一点都不能相信老师,则是对老师缺乏最基本的理解。从根本上讲,还是你自己太在乎结果了,把失败的结果看得太"不客气",从而破坏了自己瓦伦达心态的建立。

2.你忘记了自己实际上是应该做一些改变的,如学会调节自己的心态,掌握必要的英语学习技巧,提高自己的英语背书效率,课前多预习等。

这样,你就会发现,无论结果怎样,其实都是"很客气"的!

5.对付考试怯场有良方

2004 年 3 月 14 日　星期一

当下心情：焦虑

心情指数：★★★★★★★

心情故事：

　　进入高中以来，每次复习备考我都无法集中精力。一想到考试我就心跳加速，觉得全身的血液都在沸腾，静不下心来。晚上睡觉的时候，一想到考试我就无法入睡。

　　考场上，拿到试卷我头上便直冒冷汗，越想冷静便越心慌，甚至大脑出现一片空白。

　　我来自农村，家里经济条件不太好。在我们那里，女孩子念完初中后就出去打工，没有哪一家愿意送女儿念很多的书。我的情况有所不同，从小学起我就是班里的佼佼者，每次考试的成绩都让父母感到骄傲。他们高兴，我也就快乐。初中毕业，我如愿以偿地考上了省重点高中。村里人都说我们王家出了状元，父母商量了一下，咬咬牙，决定继续送我念书。

　　父母劳累的身影一直让我觉得愧疚，于是我暗暗发誓要用更好的学习成绩来回报他们的付出。第一次月考很快来临，我拼命地学习，希望能像初中时那样，一鸣惊人，用优异的成绩换取父母的开心一笑。可同时，我也对自己说，现在不比以前了。现在我处在一个强手如林的环境中，我能脱颖而出吗？每当这时，我便紧张得头上直冒汗，怎么也无法集中精力。第一次月考的成绩可想而知。那次月考后，以后的每一次月考，我都会在临近考试时出现这些症状，有时候离考试还有半个月我就开始紧张。现在高二了，我的学习成绩还没有一点起色，一次次让父母伤心失望。我真的不知道该怎么办。

（王燕）

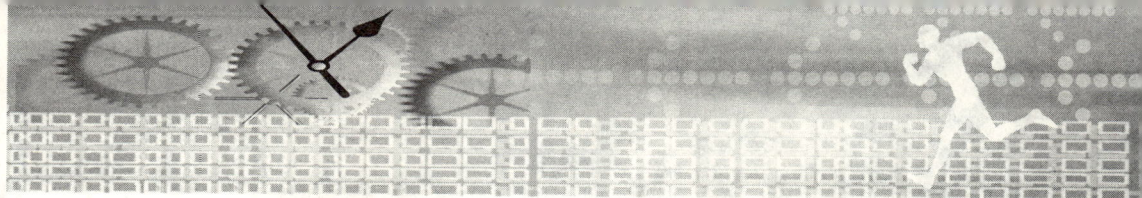

心理点评

　　王燕同学这是典型的"考试焦虑症"，又称"怯场"。很显然，她对自己期望值很高，但又未能实现既定目标。她的考试焦虑症，就是由于长期以来背负着压力形成的。心理学认为，适当的紧张可以给学习者一些心理压力，能够提高思维张力，强化学习动力，但过度的焦虑则会降低学习效率，使"应考能力"下降，甚至影响健康。消除考试焦虑症可采取以下方法。

　　1. 理性思维重建：出现考试焦虑的学生，大多存在一些非理性的认识。比如王燕同学把所有的希望包括父母的希望都寄托在自己的一次或几次考试上面。这里面有不正确的观念，需要在心理辅导中予以澄清。

　　2. 给自己正面的心理暗示：进入考场时不要给自己负面暗示，如"千万不要考砸了，不然太对不起妈妈了"，"糟糕，我还没有复习好呢，这次一定完蛋了"等，而应该给自己正面的暗示，如"我已经准备好了，完全有能力应付考试"，"即使遇到不会做的题目也不要紧，用不着争满分"等。

　　3. 加强自信心训练：平时可尝试列出影响你自信的原因，然后一一驳斥（括号内为驳斥理由）。如"我担心我脑子太笨，考不过别人。"（这种担心是多余的，没有笨学生，只有努力得不够的学生。）"担心题目太偏、太难。"（题目难易程度是针对所有人的，你觉得偏了、难了，别人也一样。）"我平时学习一贯都可以，就怕考试出现意外。"（只要你准备好了，出意外的可能性就小多了。）

　　4. 系统脱敏法消除焦虑：用系统脱敏法来消除考试焦虑。第一步，把引起你考试紧张的考试情境，按刺激强度由弱到强排成队，想象成参加考试前的一系列情境。比如：临近考试复习时的情境、考试前一天的情境、准备进入考场前的情境、进入考场答题前的情境、开始答题时的情境，等等。第二步，利用想象进行脱敏训练。从刺激强度最弱的情境开始，尽可能逼真地想象情境中的环境和自己的内心体验。有焦虑反应时，进行放松，直到焦虑消除，再进行下一个情境的训练，直到不再感到紧张。

　　考试焦虑症确实较严重的学生，应在考前早些时候开始训练，只要坚持，就会有成效。准备充分，沉着应战，你就一定可以消除考试焦虑症！

6. 感受学习生活本身的快乐

2007 年 10 月 22 日　星期一

心情故事：

我们学校每年的教师节都要放两天假，老师放，学生自然也要放。因为 9 月 1 号开学之后才在学校上了一个星期的课，所以回家对我们并没有带来太多的不安与兴奋。

农村的这个季节正是农忙的时候，学生们回家还可以帮忙干些家务活。当然，我家也不例外。平时都是妈妈一个人在家，现在爸爸白天也得回来帮忙了。爸爸上的是夜班，大概是 9 个小时。清晨赶回来，便又开始了一天农忙的生活。他似乎不累，就连午睡也仅仅是躺半个多小时，而且并没睡着。爸爸就这样不分昼夜地干活，我和妈妈都是看在眼里，疼在心里。

伴着星星和月亮，爸爸奔波在上夜班的小路上；顶着火辣辣的太阳，爸爸忙碌在一望无际的稻田里。他这样拼命地干活，目的只有一个，就是希望他的两个女儿能够书读得好一点，生活过得好一点。我没有见过爸爸在月光下干活的情景，因为爸爸不让我晚上下地里去。倒是白天他伛偻劳作的情形在我心里清晰如画。那黄灿灿的稻谷随着微风如波浪一般连绵起伏。在波浪里，有一个始终弯着身子的人。稻谷在他的面前不断地倒下，颗颗汗珠从他的额头不断地滚落到干涸的土地上。

付出几多艰辛之后，稻谷终于收回到家中的粮仓。这时，他们疲惫的身心才能得到彻底的放松。

在晚上，家里没有剥完的棉花又落到妈妈的手中。她经常会干到半夜。只有看见棉花全部聚集在一起像一座雪山的时候，妈妈才会露出会心的一笑。

就这样，他们都在为这个家劳累着，无怨无悔。也许在他们心中，只有挣到足够的钱，让两个女儿能无忧无虑地读书，长大后不再做农民，就是一直支撑着他们的信念。殊不知，他们的两个女儿最希望的是他们能够健康、平安、幸福、快乐。爸妈，你们歇会儿吧！

（小玲）

心理点评

　　父母辛苦地劳动是为了什么？当然很多时候是为了孩子们的幸福，但是如果完全是为了孩子，即把所有的希望都寄托在孩子身上，而失去了作为一个独立的个体所应该追求的幸福，或者说失去了劳动本身所带来的快乐，那么父母爱孩子的行为就成为一种异化，成为孩子不能承受的生命之重。

　　小玲的父母是不是把全部的希望都寄托在孩子的身上？可能是，因为小玲说她

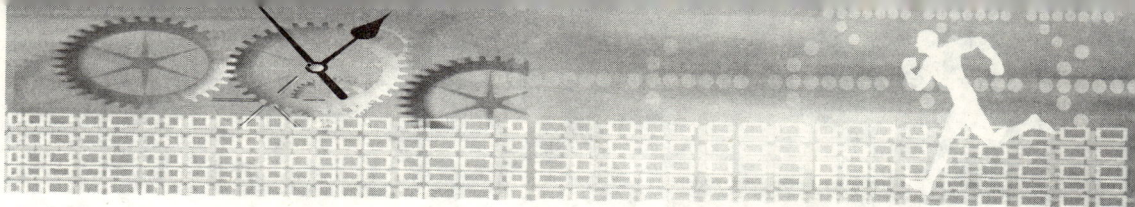

的父母"只有挣到足够的钱，让两个女儿能无忧无虑地读书，长大后不再做农民，就是一直支撑着他们的信念。"但也可能不是，因为小玲在日记中分明也感受到了父母在劳动之后所获得的成就感，感受到了父母从劳动本身获得的快乐。

我们无法判断小玲父母的精神境界，但是我们至少可以判断小玲本人的心理状态，这就是：在觉得父母为自己而活的背后是将自己放在为别人而学习（或者为别人而活）的地位上。这样的心理状态看起来是一种亲情的传递，而实质上是一种自我独立意识的式微，往往容易造成一个人对外界的过分依赖。

总之，不管是父母确实将希望都寄托在孩子身上，还是孩子以为父母将希望都寄托在自己身上，都有问题！

而只有感受学习生活本身的快乐，为自己而活，才能够真正做到爱自己和爱别人，才会有真正幸福的人生！

7. 有目标才会有动力

2004 年 10 月 4 日　星期二

当下心情：期待

心情指数：★★★★★★★

心情故事：

现在已经是高三了。按理来说，高三的学习应该让我感到紧张才对啊！可是我怎么也紧张不起来，因为我根本就不学习，可以说就是学不进去。可是马上面临着高考，考不上，我会很难过，也会让别人看不起。我试过，要好好地学习，可是每次都坚持不住，再说课程已经落下了好多，根本就不知道从何处学起。一看书头就晕，就想睡觉。老师对我也没有什么信心啦，根本就不理我。我还是个女生呢，享受老师这种待遇，心里就更不舒服了！为这事我愁了好多年，因为我不喜欢学习，但既然我念到高三了，我就想考上大学！可是我真的是学不进去啊！怎么办啊？谁能帮帮我？谁能给我一个好的办法吗？让我对学习有信心，让我喜欢上学习！

心理点评

不喜欢学习的现状是长期各种因素一起积累的结果，要想马上有显著的改变是比较困难的。但改变也不是不可能的。

首先，你需要及早做一下职业规划。选择好和自己个性与特长相匹配的职业发展方向，将有助走出迷茫，从而发现学习的兴趣。

其次，你可以找高考方面的行家（比如长期带高三的班主任就很有经验）分析你的现状，给自己制定一个符合你实际情况的具体的高考复习计划。

有了目标，才会有动力！而有了动力之后，还要有计划。

在完成计划的过程中，我想，你首先可以让你的好朋友来帮助你。"某某学友，我以后要是再不认真完成作业一次，我就请你吃雪糕，两次不认真我就给你洗一周的衣服。如果我说话不算数，你就告诉全班同学，我这个人将来不会有出息！"你还可以要求你的父母监督你："我再偷懒，您就不给零花钱了，还可以卖掉我的电脑。您也不要为我做好吃的！如果我努力了，您一定要为我做最爱吃的菜！"

如果你真的有决心解决这个疑难问题，千万别对自己客气，一定要奖惩分明：按要求做到了，给自己想要的礼物；违约了，严惩不贷！

8. 男孩考试为何总要上厕所

2005 年 10 月 24 日　星期一

当下心情：茫然无助

心情指数：★★★★★★★

心情故事：

我身体很健康。奇怪的是：在高二期中考试期间，我不断地想上厕所。可是到了厕所又没有要上的意思了。那次的考试自然很失败。过后，我发现自己连两节课都不能坚持了，必须一节课去一次厕所。再后来，问题更严重了。只要上课就想上

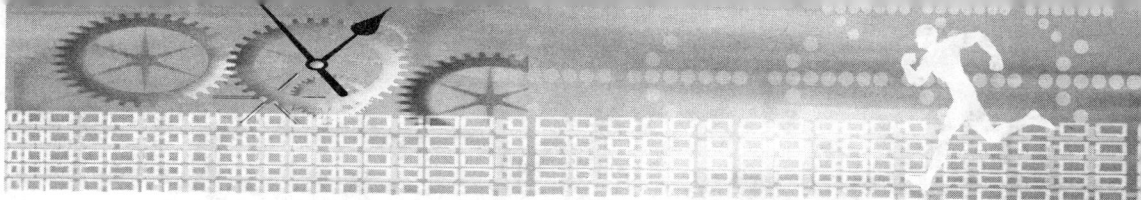

厕所，但下课铃一响又不想去了……我实在受不了了！我的成绩在下降。我不想上学了。可是我又不甘心这样就毁掉自己的前途。我来自农村，家庭并不宽裕。爸爸妈妈是出了一两万的赞助费才把我送进这所重点高中的。爸爸妈妈对我寄予了多大的希望啊！我就这样在痛苦中不停地挣扎。我仿佛是茫茫大海中一只孤独的小船，不知道何时能找到我的出路和方向。

心理点评

　　很显然你的问题不是生理上的问题。如果是生理上的问题，是不会因为下课铃一响问题就消失的。这很显然是心理上的问题。而心理上的问题可能涉及心理防御机制中的两个现象："退行"和"文饰现象"。

　　首先说"退行"。退行作用是指在遭受外部压力和内心冲突不能处理时，借退回到幼稚行为以使自己感到舒服、获得安慰的一种心理防御机制。随着年龄的增长，一个人的人格是以循序渐进的方式逐步走向成熟的。其应对事情的方式也会随着人格的成熟而日趋成熟。比如，人格还很幼稚的幼儿遇到不如意的事情，就会以大哭来应对；而相对成熟的青少年则不会这样，而是可能用摔东西发脾气等来应对；至于人格已经趋于相对稳定的中年人则会用一些娱乐活动来化解不如意。但是，有些青少年朋友甚至成人朋友在遇到挫折后，会放弃已经达到的比较成熟的适应技巧或方式，而恢复使用原先比较幼稚的方式去应对，或满足自己的欲望，这就是退行。退行往往发生在一些自我无法面对的突发事件来临之际。你高二考试时不断去厕所的行为，可能就是你在无意识中运用退行这种心理防御机制来逃避考试压力：由于各种主观的、客观的原因，你可能对考试的压力已经难以承受，但是不承受又不行。一个学生如果连考试都不敢面对，那会有什么希望呢？所以，无意识中选择的退行方式可以调和这一对矛盾。

　　而退行方式之所以可以减轻内心的压力和痛苦，则又是"文饰现象"在起作用：不是我在逃避考试，你看我的问题不是更严重了吗？我是有问题的人，你们应该原谅我！所以，采用文饰防御机制目的就是为了减轻自己内心的压力，也是为了获得心灵的安宁。

　　当然这些心理防御机制因为都在无意识中进行，你不可能意识到，所以你也不需要自责，更不能认为自己在欺骗老师和家长。但是你又不能继续这种幼稚的应对，而应该采用一些积极的应对：即学会积极主动地减压。而减压的首要条件是改变自己对结果的过分关注，让自己体验学习本身的乐趣。学习本身也有压力，但本身的压力比较短暂也容易解决，解决之后还会产生愉悦感，所以一般不会让人长期地焦虑；而学习结果的压力比较漫长，如果自信心不足就会引发长期焦虑。其次，转变了认识之后，还需要调整自己的作息，给自己安排适当的娱乐时间。

当你把考试当成一件平常事的时候，你的心理压力就会大大地减轻，而总想上厕所的困扰也就不会存在了。

9. 做分数的主人还是奴隶

2004 年 3 月 7 日　星期日
当下心情：伤心
心情指数：★★★★★★★
心情故事：

我以前最烦恼的事情是考不好回家被妈妈打骂。而我现在更烦恼的是妈妈在我考砸之后总是说："你长大了，再打骂你就不好了。你下次努力吧！"我真希望她和以前一样地打我一顿啊！因为，不打我，我觉得她的不快乐会一直挂在她的脸上而不消失。

有一次月考，我的数学只考了 32 分。这么低的分数，我以为妈妈一定会大发雷霆打我一顿的，但令我想不到的是，妈妈没打我也没骂我，真让我浑身不自在。到了晚上，我们一家人在那看电视。妈妈削了两个梨子，一个给了爸爸一个给了我。但我看得出，她削梨子的时候完全就是心不在焉，两眼直瞪着刀，只是手把梨子转了转。如果妈妈这样我还看不出她一直在想我的 32 分的成绩，那我就真的成了笨蛋了。而且妈妈吃晚饭的时候好像根本就没有要吃饭的想法，只是不住地往我的碗里夹菜。我感觉，她不仅瘦了许多，而且黑了。

有一次考试中，我的英语考了 95 分。我将卷子拿回家给妈妈看。她就特别高兴，问我，中午想吃什么，并且说她现在就可以去买。接下来的几天，妈妈对我非常好。没过几天，妈妈就又长胖了，也白了。

这分数，真是"让我欢喜让我忧"啊！

（张小雁）

心理点评

其实，张小雁同学的父母已经认识到了只注重孩子分数的危害性了，他们已经有了可贵的改变。日记中也已经叙述得很清楚了。现在的问题是：张小雁同学本是被别人带到分数的陷阱里去的。别人可能已经远离了陷阱，而她却还没离开。自己一考砸就觉得母亲瘦了；自己一考好就认为母亲胖了。这完全是自己过分担心分数而产生的幻觉。明明是自己没有爬出分数的陷阱，但偏偏要说是别人把她困在了分数的陷阱里；明明是自己还不能淡化分数，却要说是别人过分看重分数。这就是心理学上的一种叫投射的心理防御机制。投射是一种最原始的心理防御机制，在我们的现实生活中被广泛地使用。这种心理防御机制就是把能引起焦虑的一些冲动、欲望或动机加到他人的身上，认为那是别人这么想而不是自己这么想或者说是别人有这种特征而不是自己有，从而减轻自己的焦虑。这种心理现象在妄想狂的患者身上表现得尤为明显突出，而在正常人身上也经常出现。只是正常人的投射现象一般比较隐蔽，且程度较为轻微。

当然，说张小雁同学的父母现在已经完全淡化了分数显然是不合适的，但绝不至于像她说的那样严重。所以认识到自己的心理作用，正确面对父母对考试分数的适当关注，就成为保持良好学习心态的关键了。

最后祝愿张小雁同学：从现在开始，争取做分数的主人，而不是分数的奴隶！相信你一定能做得和妈妈一样好。

10. 为什么上课都听懂了，考试时就不行了？

2006 年 4 月 10 日　星期一

当下心情： 自责

心情指数： ★★★★★★★

心情故事：

从小学到现在，我数学成绩都不好，也一直不知道什么原因。说来也奇怪，每次老师在课堂上讲的知识，我都很明白，可是一回到家里做作业的时候，脑子里就一片空白。记得有一次期末考试，我的数学考得很差。回到家里，爸爸对我的成绩很不满意，于是就把我送到舅妈那里去补课。舅妈讲了一遍我就懂了，还做对了相应的练习题。舅妈说我学得不错。

可我就是不明白，为什么过一会儿就不会了呢？

心理点评

你的"懂"可能只是浅层次的，需要增加思维的深度才行。比如老师讲1加1等于2。这个问题很简单很容易懂是不是？但陈景润为了研究1加1为什么等于2用了几十年。可见最简单的问题往往最复杂，思考的深度是没有止境的。

另外，知识需要融会贯通，才能灵活运用。如果老师讲了一个知识点之后，你不能将这个知识点融会到你的知识系统之中，那么，你的知识点就如散落在地上的珍珠很容易丢失。丢失了，当然就无法在考试中运用了。

另外，不注意学习之后及时巩固，可能也是你屡次在考试中失利的原因之一。巩固一定要及时，否则效果就会大打折扣。德国心理学家艾滨浩斯有一个非常著名的遗忘曲线理论。遗忘曲线告诉人们在学习中的遗忘是有规律的，遗忘的进程不是均衡的，不是固定的一天丢掉几个，转天又丢几个的，而是在记忆的最初阶段遗忘的速度很快，后来就逐渐减慢了，到了相当长的时间段后，几乎就不再遗忘了，这就是遗忘的发展规律，即"先快后慢"的原则。

观察这条遗忘曲线，你会发现，学得的知识在一天后，如不抓紧复习，就只剩下原来的25%。

随着时间的推移，遗忘的速度减慢，遗忘的数量也就减少。有人做过一个实验，两组学生学习一段课文，甲组在学习后不久进行一次复习，乙组不予复习，一天后甲组保持98%，乙组保持56%；一周后甲组保持83%，乙组保持33%。乙组的遗忘平均值比甲组高。

总之，只要注意挖掘思维的深度，加强知识的融合，并及时对学过的知识进行复习，那么你就一定能改变听课没问题、考试却不行的现状！

11. 上课走神原来是安全感的缺乏

2006年5月14日　星期日

心情故事:

我心里一直有一个解不开的结。自从我有记忆以来,爸爸妈妈就吵架不断。有好几次,爸爸和妈妈拿着刀子动手。我当时很害怕,生怕他们中的一个被杀了。我更担心的是他们会离婚。我一直在不安中度过。现在我不怕了,但越来越控制不住自己。心里明明知道这是一件小事不必放在心上,可就是常常不由自主地发起脾气来。明明不想发脾气,可不知道为什么就无缘无故地发出来了,好像我不属于我自己,甚至发脾气的时候我是怎么想的我都不知道。有时候心里特空,有时候又好像塞满了一些不知道是什么的东西。有时候做梦会梦到自己跳到了海里,变成了鱼,但不久就死了。有时候又梦见自己变成了玩具、玩偶等。

上课时,我的注意力很难集中,常常不由自主地瞎想,但又不知道自己在想什么。明明知道自己在走神,但就是回不过神来。

我该如何集中我的注意力呢?

心理点评

要想集中上课的注意力,首先要解决的是对父母冲突的担忧问题。因为对父母冲突的担忧实质上就是对自己生活是否安全有保障的担忧。马斯洛理论把需求分成生理需求、安全需求、社交需求、尊重需求和自我实现需求五类,依次由较低层次到较高层次。根据这个理论分析,如果低层次的需要——安全感都没有得到满足,那么高层次的需要,如自我实现的需要就会减弱。而学习对于青少年朋友来说正是自我实现最主要的途径。学习的需要减弱了,当然就很容易走神了。

要消除担忧则必须和父母沟通。沟通之后,你就会发现:无论父母将来是否会生活在一起,他们都不会抛弃你!他们永远都是你的父母,会永远地关心你爱护你!

另外，对于你的喜欢发脾气，我想，可能和父母的潜移默化有关系。父母不断地吵架，甚至动刀子。很显然，他们缺乏管理情绪的能力，缺乏自我克制的能力。对于自己都很缺乏的能力，他们又如何来培养你这种能力呢！所以，你必须和父母沟通，达成共识：那就是父母、孩子都要提高自我克制能力和情绪管理能力。沟通之后，父母和孩子相互监督，一起进步也不失为一种改善家庭氛围的好方法。只是做到这一点并不容易，因为它可能涉及父母关系中一些深层次问题，你需要有足够的心理准备。有必要的话，你可以寻求专业人士的帮助。

12. 转学可能是一种消极应对方式

2007 年 11 月 18 日　星期日

当下心情：困惑

心情指数：★★★★★★★

心情故事：

在初中的时候，我一直很刻苦也很自信，是老师和同学们心中的佼佼者。中考时，我顺利地考上了一所省重点高中。由于这所高中离我家较远，我不得不开始在学校住宿，这让我很不习惯。特别是看到身边成绩比我好的同学比比皆是，多才多艺的同学成天在我面前炫耀，我感到自己一下子变成了丑小鸭。我的睡眠开始出现问题，学习效率大幅下降，成绩在班上始终处于中等水平。

到了高二，父母再三考虑，将我转到离家较近的一所二流学校读书。在那里，虽然我成绩算最好的，但是学习效率却达不到我的要求。同时，我还要顶着周围人给我带来的压力：你是重点学校的学生，如果学不好，会很丢脸！

我也试着疏导自己让自己放松心情，但是每隔一段时间我的心情便会因学习效果不好而落入低谷。我是真的很尽力地在学习了，可是每每到了一个阶段，我就会一点东西也学不进去。想出去玩吧又觉得浪费时间，索性就发呆，真是让我痛苦死了。

现在连我自己也说不清楚，在普通学校做鸡头，在重点中学做凤尾，到底哪个选择是正确的？

(小龙)

心理点评

　　小龙朋友，高一那一年，其实你已经非常成功了！既然是省重点高中，那么班上的学生肯定都是出类拔萃的。能够在出类拔萃的学生中间处于中等水平，那你还是出类拔萃的啊！而你取得的出类拔萃的成绩竟然还是在对环境很不适应、失眠自卑的情况下取得的——这说明你还有很大的潜力可供挖掘哦！如果你能及时调整好心态，努力去适应环境的话，你的进步一定会很大的。可惜的是，你的父母并没有认识到这一点，因此简单地采取转学的方式。这种转学的方式在现实生活中是很多父母容易采取的一种消极方式。孩子在学校出现了一些适应上的问题是一件非常好的事情，因为它及时暴露了孩子在成长过程中的某些缺陷。如果家长能够抓住这个契机，鼓励孩子接受现实面对现实，就能帮助孩子弥补缺陷并最终获得心灵上的成长——为将来的幸福人生奠定坚实的基础。

　　那么你成长中的缺陷是什么呢？我推测：可能是处理人际关系的能力有点欠缺，性格上有些自我封闭，也可能是过于以自我为中心，还可能是对自己有一些不合理的信念，对生活有一些不合理的要求等等。这些问题在什么地方出现就在什么地方解决，是不能逃避的。逃避之后要么这些问题还是同样困扰着你，要么是被一些假象所掩盖——这样问题会更大！

　　你转到一所二流学校之后，很显然，你的问题并没有得到解决。而你不停地思考所谓鸡头凤尾的问题是没有价值的。它不过是你焦虑心理的体现罢了。而要减轻你的焦虑，我有三个建议供你参考。

　　1. 努力培养自己的人际交往能力。和谐的人际关系、丰富的人际交往是心理健康的重要指标。

　　2. 将自己的奋斗目标分解成一个个容易实现的小目标，这样你就能时刻感受到自己的成功，心中的焦虑和不安就会自动消除。当然如何分解目标也是一门学问，必要的时候需要有老师的指导。

　　3. 想玩的时候就开心地去玩，不要一个人在那里发呆。玩不是浪费时间——只要不是无节制地玩，玩是为了更好的学；再说我们的某些知识还必须通过玩才能获得呢！一个人发呆不仅浪费时间，而且对我们的心理健康造成威胁，是一定要避免的哦！

13. 不让学习成为焦虑的象征

2008 年 3 月 26 日　星期三

当下心情：痛苦

心情指数：★★★★★

心情故事：

　　终于，我来到了烽火连天的高三。还有几个月，我就要走进决定命运的高考考场了。此时的我内心充满了焦虑和不安，甚至还有绝望。我非常想上大学，可是我的学习成绩一直都很差。并不是我不用功不努力。在学校，我除了吃饭、睡觉，我几乎将自己所有的时间都用在学习上了，但学习成绩没有丝毫起色。我现在最怀疑的一句话就是什么"一分耕耘，一分收获"。对于我来说，哪怕是"十分耕耘，一分收获"也是一种安慰啊！难道是我贫瘠的心灵不适合耕耘？

　　近段时间，随着高考的日趋临近，我感到特别地焦虑，晚上对着书本什么也看不进去。放下书去睡觉却怎么也睡不着。无法入睡的夜晚，想到辛辛苦苦供我上学的父母，我就觉得自己真的很没用，恨不得狠狠地抽自己的嘴巴才能安心一些。

　　不知道再这样煎熬下去，我还能支撑多久。身边有些成绩不好的学生已经放弃了。难道我也只能接受失败的人生吗？我真的真的不甘心！

（小华）

心理点评

　　在我们面对学习（特别是高考）的压力时，一些非理性的认知往往积淀了大量的焦虑情绪。比如什么"考不上大学我就彻底完了，没戏了！"什么"考不上大学就对不起自己的父母"等等。有了这些非理性的认知之后，我们就很容易用一些非理性的行为来对待学习。比如小华同学说到的自己将所有的时间都用来学习，不注意休息和娱乐。而这种非理性的学习方式本身就是焦虑情绪的直接体现。用这种方式

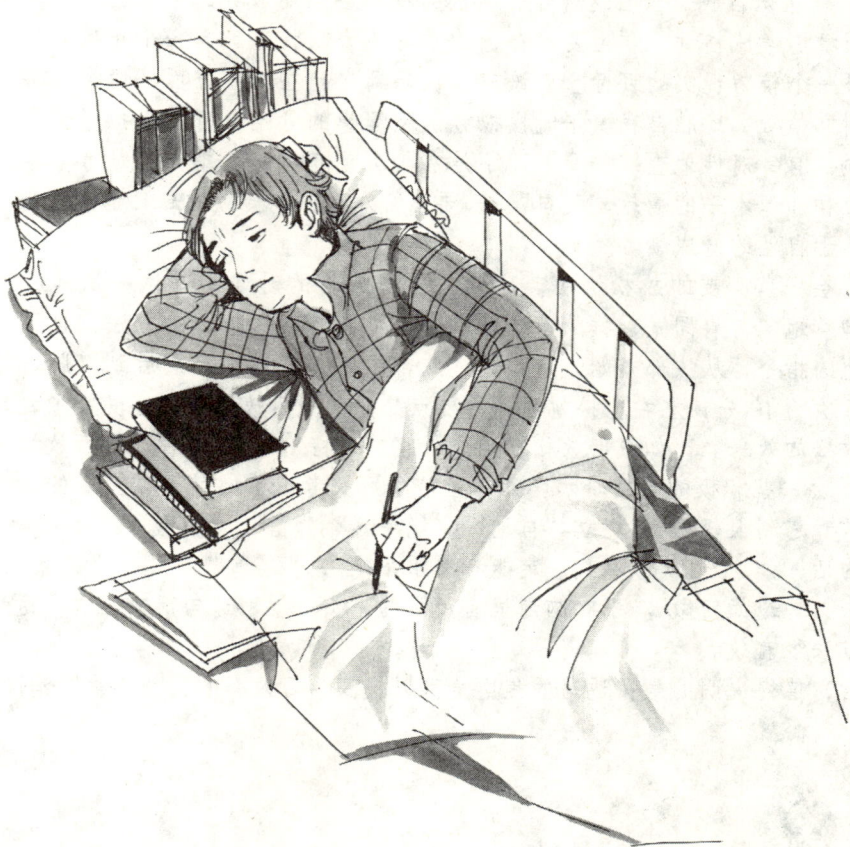

去学习，其实不是在"耕耘"，而是在"乱耘"。当然不会有什么好收成了。

所以，对于小华同学来说，问题的本质不是要不要放弃学习的问题，而是怎么样放弃焦虑或者说如何将焦虑与学习分离的问题。

首先，当然是学会用理性的思维代替非理性的思维。小华同学不妨在心里大声对自己说一些鼓励自己的话：学习是幸福快乐的而不是紧张焦虑的！在焦虑困扰中学习是没有效果的！快乐学习才是最有效率的！我快乐才能带给父母快乐！只要我用微笑面对高考，即使失利，我也会看到希望！等等。

其次，学会将焦虑从学习活动中分离。当焦虑严重的时候，能够清楚地告诉自己：让我们感到焦虑的并不是学习，而是我们本身的心态。如果我们不能在学习的过程中消除焦虑，那么就将焦虑消除在学习之前吧！

至于如何在高考之前消除焦虑，有如下几点建议。

1. 正确认识自我。只有这样才不会因为低估自己而放弃，也不会因为高估自己而陷入困境。考试临近，学生要对自己的学习能力、状况等有一个正确的认识，为自己定下一个较为现实的目标。应该充分认识到自己在哪些方面还做得不够，鼓起勇气、树立信心、战胜自我。平时模拟考试不理想的考生，可从模拟考试中找出不足与弱项，有针对性地查缺补漏，而不是灰心失望。事实上，高考是考查学生平时实际能力和知识水平的最后"关口"，只要正常发挥，把会做的题目都做出来了，就会取得属于自己的好成绩。

2. 学会一些必要的放松训练。比如：焦虑来临的时候不妨试一试：放松地坐着，双脚着地，与肩同宽，排除杂念，意念集中。然后用暗示的方法，自己给自己下达松弛的指令，从头部开始，到颈部、胸部、腹部、双手，最后到双脚。每天做一次，每次约 10 分钟左右。松弛训练的要点是先紧张后放松，在感受紧张之后再充分体验放松的效果。比如腹部放松就是先收腹，保持 10 秒钟左右，然后放松。

3. 学会一些积极的自我暗示。如，坚信学习及考试焦虑是可以克服的，反复对自己说"我感到很轻松"，树立"自己一定能考好"的信心。考生自己可以编一些鼓励自己的话，如，"这次考试我一定能考出水平来"，"这道题难度不小，我不会做，别人也未必知道如何做"。平时脑海里有紧张的念头时就用这句话来压它，这种积极暗示的方法很有效。

最后，值得说明的是：适当的焦虑是可以提高学习效率的，是不需要消除的。

14. 让举手成为一种展示自我的机会

2007 年 12 月 22 日　星期六

心情故事：

"课堂上，我一定要举手发言。"上课前几分钟我暗暗下着决心。

"嗨，举就举呗，只不过回答老师的几个小问题罢了，有什么可怕的!"临上课还有一分钟，我故作轻松地想。

上课铃响了，老师迈着矫健的步子跨进了教室。我的心不禁一沉。几分钟后，老师问道："谁能用这个单词造一个句子?"

　　教室里非常静，我的心怦怦地跳着。我偷偷环视了一下四周，有的同学低头默坐，有的同学在摆弄着自己的笔，似乎老师的提问与他们毫无关系。我真希望教室里能有人举手，哪怕只有一只手举起，我也就敢举手了，可是没有。

　　这时，我下意识地动了动胳膊，准备举手，可我心又"怦怦"地跳。我不知所措，不敢抬头看老师，老师的眼里肯定满是失望。

　　"要是有人第一个举手，我就敢第二个举手。"

　　然而，还是没有。

　　突然间，一只手竖在我的眼前，有人举手了，可我还是不敢举手。"唉，怎么会形成这种心理呢？怕什么？不就是举手回答几个小问题吗！"

　　我慢慢地举起了颤抖的右手，目光扫视了一下周围，发现还是只有一个同学举手。我把手放了下来，再扫视了一下旁边，没人注意我，我又举起了右手，举得很低很低。这时，老师的目光向我们这边投过来，我身不由己迅速将手放下，低下了头，抬也不敢抬，生怕老师看见我。

　　老师没有叫我，而是叫了另一个同学，我狠狠捏着自己的胳膊："为什么我不举手？"

心理点评

　　为什么课堂上就必须举手？凭什么老师提问学生就必须举手回答？如果老师的提问本身就存在问题，学生怎么回答？同学们不举手自然有同学们的道理。老师的失望也自然会由老师来承担。而你在课堂上用心感受老师的失望的同时就无形增加了自己心中的焦虑。更何况你在课前就一再给自己心理上制造压力呢！在这种心态下，举手就由一件愉快的展示自我的事情变为了一件痛苦的煎熬了。即使这时你在巨大的意志力推动下举了手，你也不会感受到举手的快乐。而失去快乐的学习也就很难有好的效果了！

　　所以，放弃自己心中一些不合理的想法，让举手成为一种展示自我的机会，想举就自然举起来，不想举就静静地坐在座位上吧！

　　如果你一直做不到这样，我想，你就需要找专业的心理学人士咨询如何消除自己深层的焦虑了。

　　值得说明的是，让举手成为一种类似条件反射只是针对你的过分紧张而提出的，并不一定适用于其他的人。

15. 拒绝老师安慰，你才能真正消除考试紧张

2007 年 5 月 6 日　星期日

当下心情：焦虑

心情指数：★★★★★★★★

心情故事：

我已经上初三啦，长得高高大大，别人都说我已经是一个男子汉模样了。可是我这个看上去高大威猛的男生，偏偏有个"要命"的毛病——考试就紧张。我的紧张和别人不一样，别人考试也许只会紧张一时，三五分钟就过去了，可我不是。考试前准备进考场，看到同学私下里交谈我会紧张；拿到考卷，我会告诉自己一定小心谨慎，要拿满分……我就已经紧张得满脑子空白，顺脖子流汗了。

考试，那是闹着玩的吗？现在，班主任老师总是安慰我，监考的也是本校老师，他们知道我的毛病，每次都给我一点儿特殊照顾——拍拍我肩膀、在我的耳边安慰几句，甚至说"没关系，给你延几分钟"。当然，哪一次老师也没为我延时，但听到这样的话，我就会慢慢安静下来。

我特别害怕中考，到时候，换考场、换学校，谁知道由谁监考，肯定没人安慰我了。实际上，我平时成绩很好，一点儿问题都没有，就是一考就"糊"，心理素质太差。我知道，我把考试看得太重，把分数看得太重，把别人对自己的评价看得太重……中考一天天临近，我可怎么办啊？

(小可)

心理点评

这是一个因为缺乏平常心而影响考试发挥的例子，同时也是一个老师和学生共同合作强化学生紧张恐惧心理的例子。心理健康知识普及的过程，也是一些心理健康知识被误解的过程，比如对于某些考生的考试焦虑和紧张心理，老师在一些必要的疏导之后是需要忽略的，是需要让学生自己去面对的，是必须相信学生有面对困难并自我调节的能力的。而每次都要监考老师给予他一些特别的安慰，这本身就是最大的问题，因为它是不相信学生内心潜能的表现，是对学生紧张焦虑进行强化的过程：考试时的紧张焦虑得到了被关注被优待的好处，当然下次还要继续紧张焦虑——只是这种强化过程是在学生潜意识中进行的，学生是意识不到的，但是我们的老师是应该意识到的。我们说，偶尔在考试中给予那些特别紧张的学生一些安慰是必要的。如果一个学生反复出现需要安慰的现象，我们的老师就必须反思这种安慰的真正效果了。

故事中的小可首先要在考试前不去想那些引起紧张的想法。如他在考前"告诉自己一定小心谨慎，要拿满分"，就是不适合他的一些想法，能不能将这些语言改成"我此时的心情很不错，我一定会发挥得不错！考试中出错是在所难免的，我不需要满分，我只需要自己开心地做题！"如果这样还是不能消除紧张就可以自己尝试一下下面的放松小游戏：交替呼吸式。请先坐好，将右手的中指和食指放在前额，用拇指将右鼻翼压住，用左鼻口慢慢吸气。用无名指按住左鼻翼，将拇指放松，张开右鼻孔。慢慢将空气由右鼻孔呼出。然后以相同方法，用右鼻孔吸气，用左鼻孔呼出，两鼻孔交替进行呼吸，如此进行五轮。最后，要特别强调的是，此时的小可只有拒绝老师的安慰，才能真正面对紧张并最终消除紧张！

16. 考试中的强迫症状可能是因紧张焦虑而起

2008 年 5 月 1 日　星期二

当下心情： 困惑

心情指数： ★★★★★★★

心情故事：

现在已经是高三了，同学们的学习都很紧张，我也不例外。但我比同学们又多了一项——心里的强迫症状。其实，在中考之后，我就发现自己在极度压力下形成了十分苛刻、追求完美的强迫型人格，因为我总会在一些小事情、小细节上钻牛角尖。比如，我不喜欢自己的课本和作业本上有折痕或破损，写字稍有不整我都要修改，等等。对于这些问题，我都有意识地进行了调整，所以没有对学习和生活造成过多的影响。然而，今年初考写作文时，我很清楚自己并非写不出，而是在一直追求语言的完美、精准，脑子里出现的语句我都会反复又反复地思考、更换，结果导致大作文没写完，小作文没来得及写。现在回想当时的状态，感觉这种意念就像是一种已经养成的习惯而控制不住，所以影响了考试成绩。如果我继续这样下去，一定会影响我在 2008 年的高考的。我甚至怀疑自己是不是精神上出了问题！这是多么可怕的事情。我多么希望用一颗放松的心态面对高考啊！

（小辉）

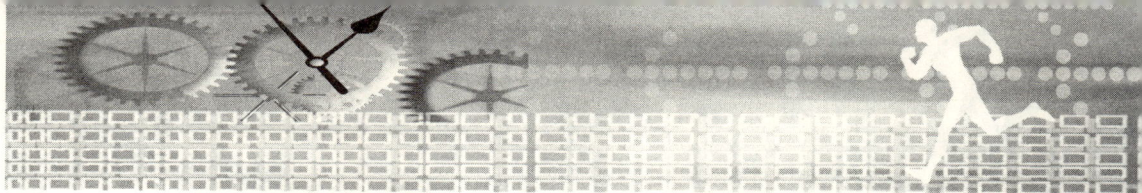

心理点评

现在，一些心理健康方面的书籍会时常出现在我们的视野中。在看过一些关于心理问题、心理疾病的介绍后，我们的学生朋友往往会不自觉地将一些症状和自己挂上钩并很随意地给自己贴上某种心理问题或心理疾病的标签。这种做法不仅在学生中存在，就是在成年人中也广泛地存在着，它不仅不利于自我心态的调整，还会无端给自己增加心理负担，增加心理上的痛苦。

其实，诊断一些心理现象是不是属于心理疾病是要相当谨慎的，要经过大量论证与排查的。是绝对不能凭自己的感觉来下结论的。

小辉在日记中说自己是强迫型人格就是十分草率的。实际上，诸如"不喜欢自己的课本和作业本上有折痕或破损，写字稍有不整我都要修改"的现象在很多正常人身上都会出现，而追求完美只要在一定的度的范围内，根本就不算什么问题，有时还是一种很好的品质——是某些事业成功人士的心理特质。而小辉既然平时还能够进行自我心理调整，就很难说是强迫型人格障碍了，因为人格障碍仅仅依靠自我心理调节是很难有效果的。真正的人格障碍一般需要自我心理调整与心理治疗相互配合才会有比较好的效果。

根据小辉的叙述，他当初的强迫倾向主要因为中考而起，而现在的强迫倾向再次出现也主要是因为考试，所以，我们推断：小辉可能存在比较严重的考试焦虑现象。而严重的考试焦虑是会产生一些强迫症状的。因此，放弃对所谓"强迫症状"的关注，本着"顺其自然，为所当为"的原则去学习生活的同时，想办法消除考试的紧张与焦虑才是目前心理调整的主要方向。

在减轻考试紧张焦虑方面，加强体育锻炼，参加娱乐活动，并掌握必要的放松技巧都是必须的，而掌握考试的一些技巧也是非常重要的。比如，拿到试卷后不急于动笔答题，用五至十分钟的时间浏览试卷，将题目难易程度、赋分多少给予大概区分，在心中对答题时间做一个合理的安排，然后开始答卷，首先要做那些简单而且短小的题目，随着答题的顺手以及心情的愉悦，你的思维就会活跃和宽广起来，自然而然你也就会以良好的状态完成考试。

做到了以上几点，相信你一定能用一颗放松的心态面对高考！

附录：介绍四种考前复习方法

1．分散复习

许多心理学的实验表明：分散复习，即平常分次进行复习的效果要高于集中复习。这是因为集中复习的时间过于集中，内容过多，容易引起大脑皮层细胞的疲劳，使其兴奋性降低，从而不能获得良好的复习效果。在分散复习时，要注意每次复习间隔不宜过短，否则近似于集中复习；但间隔也不宜过长，否则难免有所遗忘。比较好的办法是，最初复习时，每次复习的时间间隔可以逐渐延长。

2．变化复习

许多同学在复习时喜欢独自一个人向隅而坐，死记硬背。这种复习方式虽然也有效，但不如采用多样化的复习方式效果好。这是因为前者实际上是一种单调的刺激，而任何单调的刺激反复作用于大脑中枢，都会使脑神经细胞产生疲劳，使之很快从兴奋转入抑制，最后进入昏昏欲睡的状态。反之，若能采用相互讨论、问答、自测，以及把已学过的知识进行比较、对照并对它们进行归类等多种复习方式并动员多种感官参与，这样能变单调为有趣，还可以调动复习的主动性和积极性，提高复习效果。

3．尝试回忆

在复习时，如果单纯的重复，效果往往不好。应该在材料还没有完全记住前就积极地试图回忆，回忆不起来再阅读。心理学家发现，尝试回忆是一个自我检测的过程，能使整个复习过程更具有目的性和针对性，是一种比阅读更积极的过程。它要求大脑更积极地活动，同时又是一种自我检查、自我监督的过程，使人可以集中精力掌握不能回忆的部分或改正回忆中的错误，因此是提高学习积极性和效率的重要方法。

4. 及时复习

　　每天要及时复习前一天所学的东西。根据德国心理学家艾滨浩斯著名的遗忘曲线，人的遗忘速度是先快后慢。因此如果能及时复习，也就是在自己对所学的材料还没有遗忘的情况下，用不多的时间把所学的东西及时巩固住。

　　然而有许多学习者，对于所学的东西，没有能及时安排时间复习，结果等到他们想复习的时候，学习的内容已经完全遗忘了。所以他们又得花原来同样甚至是几倍的时间重新学习（原本只需花很少的时间），这就很费时间而不划算了。

第六章
青春·性心理篇

1. 他山之石：美国人的性教育观点

美国著名的性治疗专家皮尔萨博士遇到过不少在性教育上倍感困惑的父母。他说，有效的爱和性教育的规则其实很简单，他列出了以下几条规则。

一、永远不要正式"谈性"

郑重其事地谈性注定是要失败的，应该找机会多谈谈跟性有关的问题。电视节目、电影、报纸上的新闻、杂志上的文章，每天找上几十件跟性有关的问题并不困难。

皮尔萨提醒说，实施"机会教育"，重要的是一针见血，而不是长篇大论的演讲。

二、性教育不一定是同一性别的事情

孩子有了性的疑惑，如果是男孩，做妈妈的会说："去跟你爸爸谈谈。"这种老套的观念完全没有必要。只要父母对性有正确的认识，母亲可以跟儿子谈，父亲也可以跟女儿谈。事实上，父母双方在一起对子女进行性教育是最好的安排，因为在讨论性和爱的时候，父母双亲是爱和被爱的最亲近的典范。

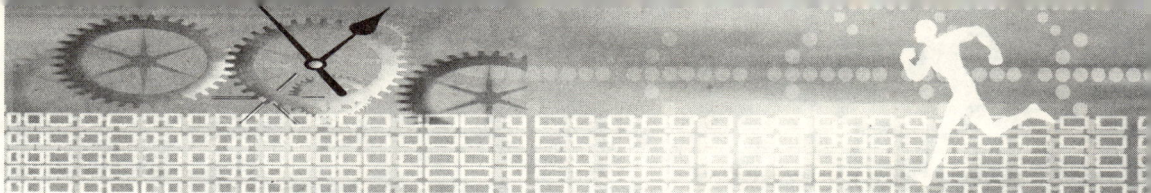

三、性和爱的教育首先应该强调的是"能做什么"

不要老是在孩子面前强调"不能做什么"。父母开出一张在性行为方面不能做什么的清单,孩子反倒产生"听上去很有趣味,我为什么不去试一试"的感觉。在你说出能做的事情（如握手、拥抱与亲吻）时，必须同时说出下列两种不能做的事情："结婚以前不能性交"和"永远不能伤害另一个人"。

四、父母双亲的性教育观点要一致

性和爱的教育最大的危险是父母双亲在性道德和性思想方面产生分歧。要知道，孩子往往是最善于利用父母不同意见的"专家"。他们总是有办法为想做或不能做的事情取得父亲或母亲的支持。如果夫妻两人的意见不一致，就很难使孩子受到良好的教育。

五、性和爱的教育不是一生只有一次的教育

不要指望进行一次性教育就能使孩子终身免疫，正如一再地要孩子自己整理房间并不能使孩子的房间保持整洁，其中的道理是一样的。但是在父母不断的"唠叨"中，孩子们至少会懂得：父母双亲重视整洁。同样，他们也能从重复的性教育中了解父母所重视的事情。

下面，请父母们看一看美国的父母是如何回答孩子提出的有关性的敏感问题的：

美国公共健康政策专家安吉拉的女儿问她："妈妈，我是从哪儿来的？"她回答："女孩长大以后，会嫁给爱她的男人，这个男人给她一颗爱的种子，进入她的身体里，会和她自身的另一颗爱的种子结合。结合的种子，在营养的滋养下，逐渐长成为一个胎儿，就是妈妈肚子里的孩子。"一个十七八岁的男孩问美国国家医生家庭资源中心总裁戴安娜："为什么看见漂亮女孩子有时会勃起？"戴安娜告诉他："男孩子成熟后，大脑容易受到视觉影响，感受到性刺激。如果看见一个很有吸引力的女孩时，会感到'兴奋'。这是性刺激下的一种正常生理反应。因为男孩子容易受色情片的影响而色情上瘾，不但不健康，还会影响生活和人际关系，所以，你最好避免观看色情片。"

安吉拉解释说，父母和孩子谈性的问题时，应从小开始，一定要注意他们身体发育到了什么程度，话题要适可而止，不能一下子把什么都告诉他们，要随着年龄的增长，循序渐进地让孩子了解性方面的知识，这是一种比较好的性教育方式。

戴安娜认为，父母应该注意倾听孩子提出的所有问题，并询问他一些有关学校、朋友和日常活动的琐事，这样，孩子才愿意提出各种各样的问题，包括难以启齿的性问题。

除了被动回答孩子有关性的问题外，美国的父母还会主动去教给孩子一些青春期的性知识。美国公共健康政策专家安吉拉告诉记者："在我女儿10岁马上要来月经时，我就告诉她，你要来月经了，身体会发生什么样的变化？心理会有什么样的变化？一旦在内裤上发现白色的分泌物，你不要害怕，也不要紧张，说明月经期要开始了，这是每个女人成长过程中都要经历的。这样，让女儿在精神上有所准备，来月经时就知道怎么去处理了。"

美国加州公共健康部母婴护理培训系统监督官员李黄绣娟介绍，美国的家里都备有一些让孩子容易读懂的、有关性方面的书籍和小册子。父母通常会拿一本有图片的书，和孩子一起看，边看边讲，一般是父亲跟儿子谈，母亲跟女儿谈。像妈妈可以这样告诉女儿："我经历了女人身体变化的每一个过程，现在让我们共同了解一下，你会遇到哪些问题，到时应该怎么办？你什么时候来月经？为什么会怀孕？这期间身体会发生什么样的变化？"这种与孩子面对面地阅读与交流的教育效果很好。李黄绣娟提醒中国的父母，在孩子的一生中，对性知识的讲解，父母是最有权威的导师。当孩子问一些性问题时，要尽可能地诚实、自然、简明。这会让孩子对父母产生信任感，从而更相信从父母那里获取的性知识。而孩子看到父母对他提出的所有问题，都采取自然的态度，那么，他就可以完全放松地把想知道的问题都告诉父母。父母即使不赞同孩子的某些观点，也应考虑孩子的好奇心，不要盲目地训斥孩子，这样才能让孩子大胆地说出自己的疑问。

而在对孩子进行青春期性教育的过程中，美国人十分重视亲子之间的相互信任与充分沟通。美国公共健康政策专家安吉拉的儿子，从小在外公外婆家长大，他5岁时问她："我为什么不能每天晚上睡在外公外婆的房间里？"她就通过这个机会告诉儿子："那是因为他们要做一些隐私的事情，这种事情只有大人之间才能做，小孩子是不应该看到的。"安吉拉对记者说："如果我当时对儿子说：'不行！就是不行！你别问了！这是大人的事！'那孩子就会觉得我不关心他，以后就不再信任我，不会向我提出他想知道的任何问题。因此，父母和孩子之间的信任绝对不能被破坏。"

据美国的一项调查表明，青春期的孩子大多数愿意从父母那里得到这些性知识，他们认为这是父母关心、信任他们的体现。如果父母采取封闭的态度，或没有心理准备，拒绝回答孩子提出的问题，孩子在好奇心的驱使下，可能从互联网、书籍或其他途径来获得想要知道的知识，很可能会受到误导，陷入危险的情况中。

美国卫生和人类服务部部长特别助理帕特丽夏介绍，美国的父母会经常告诉处在青春期的孩子，性不仅仅涉及你的身体，还会影响到你整个人生。如果两人真正拥有爱，并不意味双方要发生性关系。因为你们还没有准备好去承担性问题及随之而来的感情和身体的责任，除非到了一定的年龄去结婚。孩子了解到与性相关的知识后，当真正面临性问题时，就会用比较理性、正确的态度去对待。

美国青春期性教育始于20世纪60年代，时值西方国家兴起"性自由"、"性解放"运动。当时，被公认的学校青春期性教育的目标有：减少性病，减少私生子和性适应不良行为，培养青少年如何正确对待异性，与异性建立高尚关系的态度和能力等。

近年来，美国社会各界均赞成在学校开展青春期性教育，但部分人士在对具体目标、任务的认识上存在差别。一派以美国性信息与性教育委员会（SIECUS）为代表，提出"安全性行为"综合性教育目标，他们主张学校青春期性教育课程应主要教会学生使用避孕套，使学生在进行性行为时，减低对健康的伤害。另一派以美国性健康医学研究所（MISH）为代表，他们提出性和品德教育目标，提倡以品德为基础的"禁欲方式"的性教育，即青春期性教育课程应主要进行人格教育，促进学生保持童贞，直到他们找到准备与之生活一辈子的人，结婚时再发生性关系。目前，越来越多的美国人倾向于后一种观点。

2．相爱总是简单，相处太难

2007年8月13日　星期一

心情故事：

我即将踏进大学的大门，本应该是在美好的憧憬中度过，但我现在却一直被一个问题所困扰。

高三上学期，我爱上了班里的一个女生。我们相隔几张课桌，说话不是很多，经常通过传字条来交流。那时，我一接到她的字条就有一种很甜蜜的感觉，脑海中整天浮现着她的倩影。最让我感动的是去年的除夕之前，她送给我一个水晶苹果，还说希望我将来不要忘了她。那时我已经暗下决心努力学习，高考结束之后就向她表白。

可高三下学期老师将她调到了我前面后，一切都变了。

刚开始我们很好，可一段时间后我发现她逐渐对我冷淡起来。她经常与我的同伴说话，却很少理我。

我很苦恼，我不知道自己究竟做错了什么。她曾经说过她一直把我当成她最好

的朋友，可她为什么变得对我爱理不理的了？我是自尊心很强的人，受不了这样，就干脆不和她说话了。她问我什么事情我都故意装得很冷淡。后来，她也看出来了，也不再与我说话。就这样一直到高考结束，我们之间没有再说过话。

在这两个多月的暑假里，我努力想把她忘记，可我发现自己真的做不到。我会经常想起她对我的好，想起她迷人的微笑。我发现我对她的恨在一点一点地消退，我好像又一次地爱上她了。我真的想开口对她说："我喜欢你！"可我根本就见不到她，根本不知道她在哪里。我每天都上 QQ，可她的头像总是暗的。我真希望与她好好地谈一次。

心理点评

有句歌词叫：相爱总是简单，相处太难。

先假定你们之间的感情是爱情（实际上仅仅是一点爱的火花或者叫爱的萌芽），但爱情的成长需要以彼此心智的成熟为基础，或者说爱情要以促进彼此心智的成长为目标。很显然，你和她的心智都还不够成熟到承受彼此感情的程度。彼此之间的误会是因为缺乏沟通，而缺乏沟通则是因为彼此都还没有完全走出"自我中心"。同时，由于高三巨大的学习压力，现实中也没有足够的条件来促使你们在爱情中走向成熟。

当你们相隔几张课桌通过传字条来交流的时候，由于相对空间上的距离，你们都可以按照自己心目中理想的恋人形象来想象对方，因此彼此都获得了一种满足。但这种满足是虚幻的，也就是说，是在用自己的幻觉满足自己。而一旦你们坐在一起，想象的空间就没有了，彼此都要面对一个真实的存在的时候，感觉肯定都有些不同。特别是她作为一个女孩子，坐在你的前面，她要和你说话就必须转过头来才有可能。自己要经常转过头来找一个男孩子说话，对一个矜持的女孩子来说，心理上肯定有些不舒服。同时，她转过来之后，自然就和你以及你的同桌一起形成了三角关系。三角关系在人际关系中又是属于比较敏感的一种关系。因此，她对你的冷落除了因为失去对你的想象空间之外，还有一种可能就是为了激发你的醋意。而你就真的吃醋了，并且吃醋吃得忘记了她的好，只记得对她的恨了。

这样看来，你们目前的这种结局其实是最好的结局。至于你目前对她的思念，那不过是你在完成一个未完成的梦，而这个梦曾试图在一个不恰当的时间和一个不恰当的场合来成真。此时的你还是不甘心它如泡沫一般的消散啊！

恋爱好比读大学，念什么学校并不是最重要的，想学到什么本领、提高什么素质才是最关键的。

3. 不追女孩，生活就没动力？

2004 年 6 月 13 日　星期日

当下心情：困惑

心情指数：★★★★

心情故事：

我现在 17 岁，我发现我如果一没有要追求的女孩，生活就毫无动力，什么学习、孝顺父母啥的都忘了。我是个很自私的人。

但是一追起女孩来，就会努力改掉这些毛病，对生活非常有冲劲，努力向她展示自己的优点。我一个大男子汉，难道不追个女孩来帮助自己成长，就干不了大事吗？

苦恼死了，一追不到女孩，一没有喜欢自己的女孩，好像就对目标和生活中其他事物不感兴趣，连最基本的"孝"都忘了……我要怎么做才能改掉这个毛病？我不想被"情"拖累，因为"爱"已经让我损失了很多了。

心理点评

你的问题涉及心理学精神分析学派上的一个巨大的课题。精神分析学派的创始人弗洛伊德认为"性"，也就是力比多（libido），是生命最本质的动力。在弗洛伊德眼里，力比多是创造力的源泉，甚至就是创造力的象征。而过分压抑力比多就可能诱发各种神经症。

弗洛伊德的力比多理论在精神疾病诊疗、心理治疗以及社会人文科学领域都产生了很大的影响。而你认为"不追女孩，就对生活没动力"的想法正好与这个理论不谋而合呢。

但是，这种泛性论的思想在后来越来越受到人们的质疑和批判。批评最多的就是弗洛伊德将任何心理动力都和性欲联系起来，不仅不能让人信服，也无法让人接受。而对他批判最多也最深刻的竟然是他的弟子们，如阿德勒和容格。阿德勒就认为自卑、超越和补偿是心理的动力所在；而容格也认为性只是人全部驱动力中的一部分而已，很多心理现象需要从"性"以外进行解释，如情结、集体无意识等。

总之，性驱力虽然是心理动力的一种，但它是很有限的。在人的心理层面还存在着许多由责任感、成就感等后天形成的社会性需要，即社会性内驱力。对于正在成长中的青少年来说，不要过分压抑自己的力比多，但也不能放任自己的力比多泛滥。否则，不但会忽视培育更为重要的社会性内驱力，使自己缺乏更持久更远大的精神追求，还可能造成自己与社会文化道德的冲突，给自己的生活和学习造成不利的影响。

知道了这个道理之后，我们再分析你目前的心理状态。在你这个年龄，追求女孩子是一种很正常的心理需要。只要不过分，是不需要压抑的。不过，满足这种心理需要的方式可以适当地改变一下：能不能变直接的、短期的追求为间接的、长期的追求？努力学习提高自己的修养学识本身就是在吸引女孩子就是间接而长期的追求啊！而多在集体活动中满足自己和女孩子相处的需要也是很好的方式和途径。

另外，如果你确实感到自己对性驱力的依赖有些过分了，那么，培养自己的社会责任感和成就感就是降低依赖的唯一有效的方法了。

4. 怎样面对飞来的 "情书"？

2005 年 3 月 28 日　星期一

当下心情：迷惑

心情指数：★★★★★

心情故事：

上了初中之后，我认识了许多同学，包括许多异性同学。一次，她给了我一张纸条。她说：看完之后一定要扔掉。我打开一看，居然是一封情书。里面写着什么"我对你有好感。你可要珍惜哟！"之类的话。我一下子呆住了。我不知道应该怎么办。谁知，那张纸条被班上的同学给发现了，抢去了。现在，班上的人都说我和她有什么，甚至所有正当交往都被认为是"谈恋爱"。我又不想伤害她和班上的同学。我该怎么办？

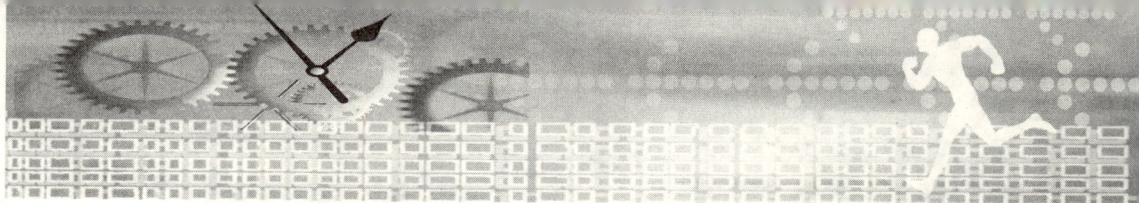

心理点牴

先来给你讲两个故事。

第一个故事的主人公也是初一的学生，但是一个男生给一个女生一张纸条，也说要她看了之后赶快撕掉。女生一看，很恐慌，因为上面写的都是什么"你爱我"、"你爱不爱我"之类的肉麻的话。女生在经过激烈的思想斗争之后将纸条交给了班主任。幸好班主任还很年轻，看了之后笑得眼泪都快出来了。这哪是什么情书，分明是一首情歌的歌词！

第二个是我在读中学的时候的一个真实的故事。我们班的帅哥好不容易收到了一个女生的情书。该帅哥从此见人就将情书拿出来请别人拜读，得意之情溢于言表！

讲这两个故事不是要评判这两个男生做得怎么样，更不是要你去炫耀自己的魅力，因为这样太浅薄！讲故事的目的是告诉你一个道理：你心目中所谓的"情书"不过是一种小孩子"过家家"的游戏。只要你心态正确了，你还可以帮她修改一下"情书"中的病句呢！

至于同学们的闲言，不过是一种生活的调剂品，不理它便罢了。

5. 中学生虚拟异性交往也要慎防过密

2006 年 5 月 14 日　星期日

当下心情：困惑

心情指数：★★★★★★★

心情故事：

我是一个性格外向的女生，交友的能力很强。无论是比我大的还是比我小的，男生还是女生，同城的还是异城的，都能交上几个很好的朋友。再加上我很爱上网，交的朋友就更多了。但最知心的朋友，一般都是成绩很棒的。

一次，我到网吧上网玩 QQ 堂偶然交上了一个朋友。他是一个男生，15 岁，上海静安区的，在学校的成绩总在前八名。还有，他很开朗，也不嫌弃我是一个女生。他玩游戏的技术很棒，等级也很高，常常带我玩游戏。因此，我们的关系很不错了。对了，他姓匡，我就叫他"匡"吧。

有时候，我会和我在网上认识的两三个同性朋友一起在网上玩 QQ 堂。匡常常会来找我，要我和他一起玩。接二连三地，我的几个好朋友（都是女生）和匡也混熟了。因为她们每次都看到我和匡在一起玩游戏，几乎没有看到一次我玩游戏的时候不是和匡一起玩的，所以，她们就乱想，说他是我的男朋友，是老公等等。其实，我和匡真的就是好朋友而已，根本就没有她们想得那么复杂。我跟她们解释也解释不清了。

后来，我就问匡："她们在你面前说了些什么？"他告诉我，也是这些无聊的话。这样，我就干脆认他做哥哥。他也同意了。

认了哥哥之后，我们的关系更好了，但我的那些朋友们还是会说些无聊的话。哎！真没办法！

（小蕊）

心理点评

中学生异性交往在现实环境中要慎防交往过密，即要正确把握交往的心理距离，排斥让彼此感到过于亲密和引起心绪波动的接触。如果在交往中发现有不良倾向，要调整自己的态度，使交往恢复到正常状态，或者暂时断绝接触，给自己和对方冷静的空间。

而在虚拟的环境中，比如网络交往中是不是因为其虚拟的特点就不需要慎防交往过密呢？当然不是。别说虚拟环境对现实环境会产生影响，单说青少年朋友并不善于区分虚拟与现实的心理特点，就决定了青少年朋友在虚拟的网络交往中同样要慎重、要注意保持距离了！

在现今的中学生中，或者在网络中举行婚礼，或者开口闭口以老公老婆相称。似乎这些都是好玩而已。实际上，如果网络中的心理距离消失之后，下一步很可能就是现实中的心理距离消失殆尽！而在现实中和异性心理距离的消失则会引发各种问题。

小蕊同学虽然还不能说她与对方男孩的交往已经没有了心理距离，但从现在开始保持一定的距离，却是十分必要的。

6. 深藏那份少女的情怀

2008 年 3 月 9 日　星期日

心情故事：

不知道为什么，我看见他时，从不敢正眼看他，好像我对他有愧似的。后来，我遇到了他，试着正面对待，可一正眼看就觉得很兴奋，又觉得害羞，说了一句话后就走了。我怕这是书上说的"早恋"，就不敢对家长说，因为爸爸曾经很严肃地对我说过，在初中和高中都不许谈恋爱的。于是，我开始逃避。我觉得，我逃避是对的，因为他是初三的学生，我还在读初一。他成绩很好，是考重点高中的料。我不能拖累他，更不能拉他下水。可是，我又十分想见他。于是，我请人转告他，我想做他的朋友。他答应了。

我可以和他做朋友吗？我可以叫他一声哥哥吗？我的心理到底有没有问题呀？

心理点评

这不是"早恋"，只是一种很美妙的少女的情怀。这种情怀最好是珍藏在心底最柔软的地方，最好不要将其拿出来公布于众。否则，这种美妙的感觉就会很快地消失，再也找不回来了。

所以，孤独寂寞时，在心里叫他一声"大哥哥"，在心里和他说说话，让他给你精神上的鼓励，这就足够幸福的了。这也是最明智的选择。

在青春的果实成熟的季节，再去释放你心中深藏的这份情怀，就一定会给你带来幸福！

7. 如何对待青春期的性幻想

2007 年 10 月 24 日　星期三

当下心情：困惑

心情指数：★★★★★

心情故事：

　　小时候看电视都是见到男的女的之间有爱情，然后总是有个搞破坏的人把那个女的怎么样了。这样的电视剧看多了，我就不知道男生和女生之间除了那种关系之外，还有没有别的什么关系了。现在我已经上高中了，和男生说话什么的，就总是觉得他好像要对我怎么样，很是害怕。当看见男同学打女同学的头或做出其他的亲密动作，总是觉得他们是在调情。即使男孩看一眼女孩，我也会想他是不是喜欢上那个女孩了。尽管我不知道调情是什么，但我总是这么想。想了之后又怕别人知道了我的想法。当男生看我时，我也总有他是否喜欢我的想法，有了这种想法后非常害怕。这种想法已经严重影响了我和同学们的正常相处。我究竟是怎么了？

（小苇）

心理点评

　　曾经有一个 17 岁的男孩子给我写信说：不知道是受什么思想影响，我一看到漂亮女生就不由得往爱情那方面想，后来时间长了以后，许多原来关系好的女生都好像有意识地远离我，弄得我现在的异性朋友很少很少。仅仅一个，而且还是在网络上。我还是班长呢？我是不是很变态啊！

　　其实，这个男孩子和你一样，都不过是青春期的性幻想过多而已。所不同的是，这个男生是直接的性幻想，而你除了直接的性幻想（如男生看你一眼，你就想他是否喜欢你了），更多的是把自己的性幻想投射到别人的身上以减轻自己的心理压力（投射作用，即把能引起内心不安、自己不愿意承认的某些行为、欲望、态度等，排除于自身之外，推向别人或周围事物上去的心理现象）。你总认为同学们在调情的想法就是一种典型的投射作用。而经过投射之后的性幻想从本质上还是性幻想，所以同样需要一定的转移和克制。

　　青春期出现一些性幻想，是正常的生理上的反应。社会上大量书刊、电影、广告及商业性的泛滥成灾的性信息的影响，也会诱发青少年过多的性幻想。目前进行的"扫黄"是有积极作用的，可减少对青少年的性刺激，使其转移到健康向上的学习和娱乐中；另一方面也应通过意志与性格的锻炼培养，使青少年正确对待性幻想，增强自制力，不为社会上不良因素所侵蚀和引诱。

　　从本质上讲，性幻想是性成熟的标志，是没有什么坏处的。完全没有性幻想的人，其性心理是有缺陷的。但过多的性幻想，特别是对于正处于紧张学习中的青少年却是有害的。过多性幻想会分散学习的精力，要适当克制与收敛，要学会控制性幻想的发生频率，以防止误入歧途和变异为心理障碍。

8. 男女搭配，学习不累

2008 年 1 月 19 日　星期六

天气：晴

当下心情：不解

心情指数：★★★★★

心情故事：

　　我是一名男中学生，平时总喜欢与女生在一起闲聊和学习，课余的教室里也因此经常充满了欢笑。而且我发现，和女生在一起的时候，我的学习效率特别高，而与男生在一起学习的效率就比较低。难道真的就如俗话所说："男女搭配，干活不累？"当然，我只能说"学习不累！"我和好朋友说了我的感受，哪知道他并不理解我，相反还嘲笑我重色轻友。我为什么喜欢和女生在一起？我从没有什么非分之想啊！难道我真的很好色？不会吧！

心理点拨

心理学家发现，"男女搭配，干活不累"的心理效应在男性身上表现得往往会更为明显一些。这主要是因为男性比女性更喜欢通过视觉获得有关异性的信息，如异性的容貌、发型、肤色、身段等外部特征都易引起他们的极大兴趣，并会对他们的感觉器官产生某种程度的冲击作用，使他们感到愉悦不已。另外，心理学家还发现，男性在女性面前的表演欲望要比女性在男性面前的表演欲望强烈得多，而表演欲望和表演行为本身会刺激人体产生更多的神经传导物质多巴胺。多巴胺是一种能引起人兴奋并能够增强人的动机的神经传导物质，人体内多巴胺水平的正常增高会使人感到活力无限和兴奋不已从而提高活动的效率。

同样的道理，女性在男性面前也会有这种表演欲，只是没有男性在她们面前的表演欲强烈而已。女性的这种表演欲也能在她们体内引起多巴胺水平的变化，从而使她们的兴奋度提高，工作的活力增强。除了以上两个方面的原因以外，还有一个原因是不能忽视的，那就是男女在性格等诸多方面都有互补性，男女在一起工作会更充分地表现出这种互补性。假如女人和女人在一起工作或男人和男人在一起工作，就不能体现这种性格方面的互补性，工作的效率也肯定会受到一定影响。

所以，喜欢和女生在一起学习是青春期男孩子再正常不过的心理现象，完全不必放在心上。不过需要提醒的是：要尽量减少单独和女生在封闭环境中的接触哦！

9. 迈过青春期的门槛

2007 年 9 月 30 日　星期日

天气：阴

当下心情：困惑

心情指数：★★★★★★★

心情故事：

不知道为什么，我总是觉得自己对性的渴望比一般人要强烈，甚至觉得自己是不是太"色"了。比如说，上生物课老师讲到花朵授粉，我就会不由自主地想象出关于"性"的一些情景。看到漂亮的女孩子，总是克制不了自己一定要偷偷地多看几眼。有时，连拿作业本时跟女生的手有点接触，我都会瞬间紧张得全身麻木，需要极力掩饰，才不至于被人发现。我整天担惊受怕，害怕自己会被这种亢奋的性欲拖累得堕落下去。

现在，我还听说教育部出台了校园集体舞，要求中学生学跳集体舞。我感到很恐怖：女生的手，我碰一下都紧张，我怎么敢拉呢？到时候，不知道会出什么洋相呢！

（一名高中生）

心理点评

这名高中学生自认为是"性欲亢进"。然而究竟是性欲亢进，还是正常的性冲动呢？我们首先要明确两者的概念。

由于性欲的强弱在正常人之间存在明显差异，而且在不同年龄阶段，甚至在不同环境下都有很大的变化，因而很难为性欲亢进做一个明确具体的规定。典型的性欲亢进的表现是：长时间沉湎于性的冲动之中，从各个方面都表示出对性的渴求。当这种欲望无处宣泄时，患者便可能出现焦虑、心慌、失眠等症状，甚至可能因痛苦不堪或极度羞愧而自杀。至于性欲亢进的原因，到目前仍不清楚。一般认为可能与多种因素有关。其中某些器质性疾病或精神疾病，如颅内肿瘤、内分泌失调、躁狂症、精神分裂症、癫痫等，都有可能引起性欲亢进。

性欲亢进是直接和性活动密切相关的。因此，从上面的日记中可以看出，这位同学不过是青春期的性冲动而已。

青少年朋友，进入青春期后，人生理上最大的特点就是性器官和性腺的发育日益成熟。性冲动作为人类最原始、最本能的要求，开始骚扰我们，使我们惊恐、害羞、不安、不知所措。性本能的冲动，再加上性知识的闭塞，性教育的滞后，给初有性意识的我们带来了许多难言的烦恼。

首先，要对性冲动有个正确的认识。由于生理本能的缘故，中学生尤其是高中生，处在性能量旺盛的时期。再加上影视、文学作品等对性的大量描绘，给我们的性神经带来强烈的外在刺激。正是这种内外刺激，使处于青春期的我们产生了接近异性的愿望，对同龄异性产生强烈的亲近感和好奇心，产生了性的冲动。性生理发育基本成熟，性心理进入旺盛的活跃阶段，频繁地出现性冲动是很正常的现象，也是年轻人身心健康的表现。这绝不是什么"色"与"不色"的问题。

　　第二，要树立远大志向、抱负，努力促进性冲动的"升华"，或者说是做更多更重要的事情去冲淡性冲动。

　　第三，积极参加集体活动，增加与异性的正常交往，满足日益增长的求异心理。如主动帮助异性同学，如积极参与校园集体舞活动，不仅有助于人格完善，而且能使那些容易产生性冲动的同学，在和异性的交往中得到缓解和释放。这里值得特别提请注意的是，不要长期、单独与某一位异性同学交往。

　　第四，增强理性意识，克制性冲动。任何人在社会上都要受法律和道德的约束，要具有对冲动的自制力。凡是超过行为允许范围的事，就不该做、不能做，而需要对自己的欲望、需求以及由此而产生出来的冲动进行克制。

　　做到了以上几点，青春期性冲动就能在某种程度上成为我们成长的催化剂！

10. 我是不是同性恋

2007 年 10 月 7 日　星期日

当下心情：苦闷

心情指数：★★★★★★★

心情故事：

　　我和璎的缘分始于初二那年，班主任把我们安排成同桌。一开始，我对老师的安排很反对，因为我们完全是两个世界的人，璎的性格活泼开朗，我的性格沉静温柔，和她在一起，我觉得容易失去自我。然而，和璎做同桌的第一天，她就给了我一个大大的、热烈的拥抱表示欢迎，我记得我当即红了脸，慌张地低下头去，搅动着衣服，惊得一句话也说不出来。当时，就觉得在错愕之余，心底里还隐隐地流动着某种说不出的温暖和感动：或许，我从前真的错了。

　　往后的日子里，我和璎相安无事，时间一久，也就淡化了我们之间的生疏。璎对我真的很好，同学传本子不小心掉到了地上，她会替我钻下课桌去捡起；课堂上我没有带材料，她就把她的给我，自己去挨老师一顿痛骂；体育课上，我们要跑800 米，她自己跑完了，接着为了鼓励我而和我一起跑；我被不太讨人喜欢的人缠上了，她会拉着我的手说老师有事找我……实在有太多太多的事情了，我原本就是个心思细腻的人，眼看着她对我源源不断地付出，又怎么会不感动呢？

　　渐渐地，我和她成了班级里最形影不离的好朋友。和她在一起，我感觉很放松，很安全，也很自信，我可以在她面前展现真实的自己，不需要像对别人那样提防着。现在回想起来，我还是觉得真是难以想象，像璎这么个大大咧咧的女孩子，竟然也会愿意耐下性子来，去倾听一个对月伤怀、花落忧叹的我的伤感胡话。我一直凭直觉地认为她是能理解我的，也包容着我的一切，虽然她平时只是那么坐着，安安静静地望着我。

　　"我很奇怪，为什么和你在一起时总是你说得比较多？"璎曾经这样问我，"你应该是很内向的才对啊。"

　　"因为我懂得比你多，小傻瓜。"我微笑着，温柔地拍了拍她的脑袋，然后听着

她抱着头抱怨"这样会把我拍傻了的"，心里满满的夕阳般的温暖。

其实，和璎在一起的日子是平淡的，但对于我来说，却一直都是幸福的、快乐的。

有同学见我们关系那么好，便开玩笑说我们说悄悄话时像一对夫妻依偎在一起。我听了之后愣了一下，仿佛被人揭穿了谎话的孩子，有些不知所措。璎却笑得很开心，还开玩笑地反问同学要不要以后来喝我们的喜酒啊，然后友好地拍了拍那同学的肩膀一下。这事至今让我猜不透璎的心思，也是我第一次不明白璎的做法。

日子过得很快，眼看着中考在即，同学们都忙着在家里紧张复习。那天下午，璎打电话要我到她家跟她一起复习，我很高兴地怀着一颗忐忑不安的心情去了。璎的家干净整洁，而她的房间，就如我想象的那样，乱糟糟的，东西都胡乱地扔了一地。我实在看过不去，一个女孩子，怎么可以这么乱呢，就主动替她打扫房间，像个真正的女朋友那样。最后，房间是打扫完了，可我也没怎么复习。本来担心着自己会不会考砸，却在门口看见璎拿着一大堆她整理的复习资料给我。

"好好加油哦。"临走前她笑着说，"别辜负了本大天才的心血。"

那一夜，我差点失眠了。手里捏着那沓沉甸甸的复习资料，心乱如麻，怎么也复习不进去，脑海里回荡着那句"好好加油哦，别辜负了本大天才的心血"，仿佛一颗跳动的心。

……

如今中考也考完了，我们以后或许从此分道扬镳，可我真的实在不忍心面对这次离别。你们可能要笑，小小中学生也谈感情？而且还是这种感情。可是，我发现我是真的喜欢她，喜欢璎。

前些天，她又发来了短信，单刀直入地问我：岚，你爱我吗？

我的手机这些天一直捏在手里。我又该如何回答她？

（小岚）

心理点评

有一项针对目前国内校园同性恋议题所进行的问卷调查的结果显示，约有4%的高中男生承认自己是同性恋，而有12%的女生承认自己有这种倾向。这些数据很容易令人产生青少年同性恋比例节节攀升的印象，从而令老师与家长感到了担忧。

事实上，老师和家长不必太过担心，即使您的学生或子女对您坦言他有同性恋倾向，您也不必太惊慌，更不必急于去改变或否认这种倾向；而应该以接纳、镇定的态度来协助他们澄清他们究竟是不是真正的同性恋及其同性恋倾向形成的原因——是先天形成的还是后天逆转的。如果是先天形成的同性恋就只有接受事实，而不需要去改变了。

现在，由于媒体对同性恋大量的描写与报道，一些青少年朋友就开始将自己对号入座了——越想越觉得自己是同性恋。事实上，他们不过是处于心理上的一个特定时期——"同性密友期"罢了。在这个心理时期的人很容易对同性同伴产生认同感与好感，甚至喜欢与同性朋友交往。这样就使青少年朋友误以为自己是同性恋，或被同伴认定为同性恋者。

另一方面，"同性恋"的称呼似乎已经成为同性朋友之间的一种情感表达方式：某某和某某同性同学之间关系密切，他（她）们往往会很自豪对他人宣布：我们是同性恋！哪怕他（她）们明知道自己的感情与同性恋相差十万八千里。有了这种社会暗示，我们的校园出现一些假同性恋者就不足为奇了。

还有一种同性恋倾向是属于"情景式的同性恋"。由于升学的压力，很多老师和家长通常不鼓励青少年交异性朋友，甚至反对青少年异性间的交往。这样就常常导致青少年的情感或亲密需求转移到同性身上，从而被青少年误以为自己就是同性恋了。这种"情景式的同性恋"在远洋水手的身上最为典型。这些水手在寂寞的远洋轮船上因为寂寞难耐常常会发生同性恋，但他们一回到岸上就会马上抛弃同性恋行为而进入异性恋。

至于小岚对璎的感情更多的是一种性格上的欣赏，情感上的依赖。是不是真正的同性恋实在要打一个很大的问号。如果自己不是真正的同性恋而勉强将自己定位在同性恋，对自己今后的恋爱婚姻将产生极为不利的影响。

所以，对小岚而言，最好暂时和璎分开一段时间，并增加和异性同学的交往，看自己能不能将注意力转移到异性同学上。如果实在不能将感情转移，则应该找心理专业人士咨询以寻求指导与帮助。

至于璎的短信，我觉得可以这样回答：我当然爱你啊！谁叫我们是最好最好的好朋友呢？先将爱定位在友情的位置总不会有错的。

11．手淫：禁不住的诱惑

2007 年 11 月 11 日　星期日

心情故事：

上高一时我无意中染上一个不好的习惯——手淫。刚开始还觉得很好玩，很刺激，一个星期会弄好几次。可后来，我听说了手淫的危害，什么"一滴精十滴血"之类的说法让我感到非常害怕，并且感到身体像被掏空一般，学习时精力也明显不如以前了。我上网搜索了许多戒手淫的办法，并尝试着去戒除手淫，还是有一些效果的。不过，因为时刻克制自己不想与性有关的事情，我感到很紧张很焦虑，甚至有种要崩溃的感觉。实在受不了的时候，我就会故技重演。而之后又十分地懊悔。我的意志是不是太薄弱，禁不起一点诱惑呢？我似乎已经不认识自己了。

（小波）

心理点评

　　首先，我们需要澄清的是：手淫和遗精一样并不存在什么好与坏。这就好比是杯子里的水，满则溢，是很自然的现象。

　　手淫和遗精在生理上的反应是一样的，所区别的只是前者借助了一点手的外力，而后者没有借助任何的外力。在心理上的反应二者也非常类似：都能起到一定的缓解焦虑的作用。但是手淫缓解焦虑的作用一定要限制在一定的范围之内，绝不能让手淫承担起缓解焦虑的全部重任，否则会适得其反：不仅对身体造成巨大的伤害，使身体极度虚弱，而且会影响到健康人格的成长！

　　有了这样的观念之后，我想你就应该知道对待手淫的正确态度了。

　　1. 接纳手淫，但不纵容手淫。不认为手淫是魔鬼，但也不认为手淫是天使。适当的手淫并不需要放在心上。但何为"适当"？以手淫的频率不影响自己学习工作的精力为准。但是这里又存在另一个问题，有时手淫之后对我们精力造成影响的并不是手淫本身而是我们手淫之后产生的强烈的罪恶感和恐惧感。正是手淫之后的罪恶感和恐惧感让青少年朋友身心憔悴。因此，在清楚自己目前所能承受的手淫频率之前必须先消除自己的手淫罪恶感和恐惧感。

　　2. 知道了适合自己的手淫频率并能够很好地控制手淫行为之后，是不是就可以高枕无忧了呢？当然不是。根据行为主义的强化理论，由于手淫在一定程度上消除了人的焦虑紧张情绪，而可能使人产生增加手淫频率的欲望。这种欲望长期存在下去就可能使人对手淫造成一定的心理依赖。而对手淫的心理依赖则会在一定程度上影响青少年的社会化进程。对手淫产生依赖的青少年往往容易沉迷于幻想，社会活动减少，并具有一些神经质倾向。所以，最理想的情况是在进入恋爱婚姻之前能够通过多参与一些有益的社会活动，必要的体育锻炼和文娱活动来释放自己的紧张和焦虑。让手淫在丰富多彩的生活中自动消除是最理想的结局。

　　这个结局可以追求，但不能强求！

　　3. 转移自己的注意力，尽量减少手淫的频率，也不必刻意去关注网上戒手淫的方法，将这方面的刺激降到最低。广交朋友，锻炼社会交往能力。参与有益的集体活动，你一定会健康愉快地成长。

12. 师生恋：牛犊恋

2007 年 4 月 1 日　星期日

心情故事：

他是我们中学最风趣最幽默也是最帅的男老师，讲课的声音好听极了，非常有磁性。从他给我们上第一节语文课的时候，我就感觉自己迷上了他。刚开始我还以为自己对他只是一般的崇拜，可后来我渐渐地发现，如果有一天见不到他，我就会伤心一整天！

为了引起他对我更多的关注，我拼命地学习语文，看了许多语文方面的书籍，做了许多语文资料。我因为语文成绩迅速提高而取代了原来的语文科代表并获得了许多和他单独接触的机会。在语文成绩上升的同时，我的其他成绩特别是理科成绩却急剧下降了。

和老师接触多了，我发现自己更加喜欢他了。课间，一有时间就往他的办公室里跑，有时是抱本子，有时是问问题等等。实在是找不到理由，或者是觉得自己到他办公室去实在太频繁了，我就一个人坐在教室里，把他每天穿的衣服、理的发型、很特别的笑容甚至一个不经意的细小动作都记在日记本里，以此来缓解自己的思念之情。有时，我还一个人躲在家里给他写永远也不会发出去的信。在信中，我尽情抒发自己见到他的快乐、见不到他的苦闷以及心中那不可能实现的期待。

刚开始，我以为这种感情只是一种寄托，并没有什么坏处。可慢慢地，我越来越思念他，并感觉自己越来越不能离开他了。我对自己恐惧起来，我怕自己会做出一些出格的事情影响他的家庭，怕我的行为会遭到同学们的耻笑，更怕因此影响到自己的升学考试。

我想解脱啊！

（小檬）

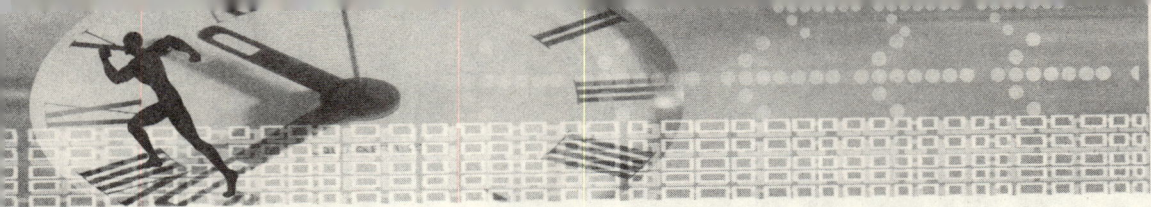

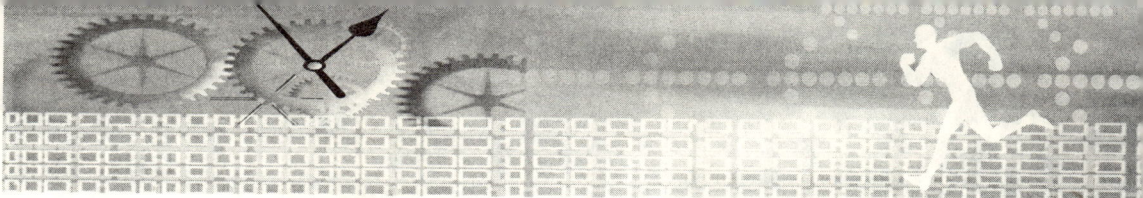

心理点评

美国心理学家赫洛克从发展的角度，把青少年性意识的形成分为4个阶段：①疏远异性的反感期，②牛犊恋时期，③接近异性的狂热期，④正式的浪漫恋爱期。赫洛克把进入性萌发期的青少年，对某一特定年长异性倾心和爱慕的情感、现象称为"牛犊恋"。中学生的"恋师情结"即是牛犊恋的一种表现形式，琼瑶、茨威格等中外作家的文学作品及影视作品中对这种现象时有描写。

而青春期的女孩子比男孩子是更容易发生师生恋的。其原因就是女孩子往往比男孩子提前一两年进入青春期。当女孩子已经进入性心理发育的异性渴望期（包括牛犊恋时期与接近异性狂热期），同龄的男孩子们却还没有进入。这样，成熟比较早的女孩子就很难和同龄的男孩子进行深层次的交流，用她们的话说："这些小毛孩太肤浅了！"

而在学校家庭两点一线的生活里，青春期少女接触最多的成熟男性除了自己的父亲，恐怕就要算学校的男老师了。在对异性的性冲动驱使下，面对那些风趣、幽默、帅气、有知识、有涵养的男老师，女孩子就难免产生一种痴迷的情感。这种痴迷将少女内心的紧张、羞涩、期盼、恐惧与性幻想交织在一起，为自己编织了一个如彩虹般美丽却虚幻的梦。

由于这种感情中掺杂着师生关系，女孩子常常将这种爱恋深深地埋藏在心底，甚至强烈地抑制自己的感情，让自己陷入一种对自我的恐惧之中进而影响到自己的学业。

要处理好师生恋的感情，有三点必须做到。

1．不沉迷自己的感情。故事中的小檬同学要尽量减少思念老师的时间。要知道，再美好的感情如果过分地去依赖都会有问题，更何况这本身就只是一份虚幻的感情呢！

2．学会转移自己的感情。减少思念多出来的时间要用来参加一些感兴趣的娱乐活动，增加一些业余爱好。多和同龄人接触也是转移自己感情所必需的。

3．学会认识自己的感情。自己对他的迷恋有多大的成分是自己对他进行美化的结果？也就是说：在多大程度上，你喜欢的其实不是他，而只是你心中的一个幻想？要认识到这一点，建议小檬同学尝试着将自己沉迷于幻想的感觉写下来，保存好；然后再将自己开心地学习与交往的感受写下来。通过对比你就会发现自己真正要追求的情感是怎样的了。

13. 面对 "大哥" 邀请，是进还是退？

2006 年 5 月 28 日　星期日

天气：阴

当下心情：困惑

心情指数：★★★★★★★

心情故事：

　　今天下午放学，我刚出校门就发现那个陌生的 "哥哥" 又在门口等我。我急忙退到传达室，心里十分紧张。同学们总传说校门口有个坏人专找女生交朋友。这个人可不像坏人，他文雅、礼貌。他说他只想做我的 "哥哥"，关心我，保护我。他还夸我漂亮，善良，是个好女孩。我挺感动的。

　　上次，他要请我去上网，我借口没时间，跑掉了。今天他又在门口东张西望。看着他焦急万分的样子，我的心里有一阵莫名的激动：也许，和这样一位马路天使认识一下会很有情调呢！不过万一他真的是玩弄女孩子的色狼怎么办？但是，他似乎只是一个陷入单相思的可怜虫啊！或者他是一个受人怂恿的傻小子，只是要追到一个漂亮女孩子给他的哥们看一看呢？

　　我在传达室呆了很久才趁他不注意悄悄地离开学校。可事后，我又有些失落。我似乎太胆小了。

（婷婷）

心理点评

　　在每一个人的内心都会有两股力量在不停地较量：一股是满足各种诱惑的力量，一股是抗拒各种诱惑的力量。此时，婷婷的内心深处就有这样两股力量在斗争着。她的担心、躲避就是拒绝诱惑的力量——理智在起作用，而她对 "马路天使" 的好感和美化则是满足诱惑的力量——本能欲望在起作用。尽管现在抗拒的力量还是占优势，但是诱惑的力量随时都会兴风作浪，所以，婷婷同学的危险并没有消除。

　　青春期的学生如何保护自己？保护自己有许多需要注意的事项，但在这些注意事项里有很重要的一点：就是必须能够迅速而准确地识别来自各个方面的陷阱。而这些陷阱往往又和受骗者自身的一些欲望（婷婷的欲望就是她对异性的好奇与渴望）相联系的。这就是有些人明知道前面是陷阱却偏偏要往里面跳的原因：他们无法克制自己的欲望。也就是说，如果你本身没有被犯罪分子利用的欲望，你就不可能受骗的。别人已经告诉婷婷这样的陌生男子很危险，但她还要美化他——说什么他文雅、礼貌，可不像坏人。这就是她自己内心的欲望在和理智对抗！

其实，面对外部的陷阱时，我们内心的陷阱更危险！

那么，我们是否应该增强理智的力量来压制内心的欲望？

答案是：在适当加强理智的基础上，学会将自己内心的欲望转移和升华。二者缺一不可。如果仅仅使用理智来压抑内心的欲望，往往很难奏效。即使奏效也会对人格成长和学习生活造成一些不利影响。因此在运用理智的同时必须学会转移感情和升华感情。具体的做法如下。

1. 用亲情、友情转移自己对异性的感情。在平时的生活中要多加强与同学们的情感交流，多感受家庭的亲情。很多少男少女误入歧途的案例都表明：亲情的部分丧失会让青春期的孩子对异性的感情充满了好奇与渴望。而同学感情的缺失则会进一步将他们推向诱惑的陷阱。

2. 用多彩的娱乐活动、丰富的业余爱好来分散自己对异性的注意。日记中的婷婷觉得：也许，和这样一位"马路天使"认识一下会很有情调呢！如果婷婷的生活不是那么的单调，她就不会去追求这种危险的情调了。

3. 用刻苦的学习来升华自己对异性的渴望。当某种焦虑被转移到较为高级的、常人容易理解的、为环境社会所承认及肯定的对象上时，即被称作为升华。在现实生活，往往是学习上对自己要求不高甚至无所事事的学生更容易被诱惑所吸引。

总之，面对诱惑，理智是重要的，但不能光靠理智，还要善于转移、分散和升华自己内心的渴望。这样青少年朋友心中那头欲望的老虎才能变成温顺的花猫！这样也才能冷静而果断地拒绝一切来自外部的诱惑！

14. 将心灵的家具重新布局

2008 年 6 月 26 日　星期四

当下心情：痛苦

心情指数：★★★★★

心情故事：

父母都到外地打工去了。我和爷爷奶奶生活在一起，住着宽敞明亮的私房，就读于当地的一所高中。我是家中四位长辈的希望和精神支柱，必须拼命学习，不敢有丝毫懈怠。平时的生活很单一，可自从这学期，他转到我们班之后，这种局面就改变了。他活泼、开朗、帅气、阳光。他总能找到我们的共同话题，让我开心。星期天他请求到我家看一看，我没有拒绝的理由，也不想拒绝。随着次数的增多，我们的关系慢慢微妙起来，他的要求也与日俱增。我是一个传统的女孩子，我必须守住最后的一道防线，但我又不想失去这样一段刚开始的恋情。我也知道，如果他爱我，就不应该违背我的意愿；我还知道，如果他因为我对最后防线的坚守就离我而去，他就不是真心地爱我。但我还是不能停止我的担心和害怕，无论如何，我都不想失去他啊！

(小盼)

心理点评

房子是心灵的象征。宽敞明亮的私房在两个老人和一个孩子的世界里是不是有些空荡？而自己的心灵世界是不是也有些孤寂？也许你会说：我的房子里有家具啊！我的心灵世界里有爸爸、妈妈、爷爷、奶奶的期盼啊！怎么会空荡呢？

是的，你的房子里会有家具，但这些家具是丰富还是单一，布局是否合理？是的，你的心灵世界里会有亲情，但这亲情的内容是否丰富——也就是，除了学习之外的关心是否很多？而除了亲情之外，友情是否丰富？其他的娱乐和爱好是否受到重视？

如果不是心灵的孤寂和空荡，"他"怎么会改变你整个的心灵格局？如果不是因为这个房子家具太单一不够合理，忽然到来的一件精美家具又如何迅速将整个房子的内涵改变？

现在，请先思考你心灵的房子中有哪些是需要调整和装饰的吧！

1. 将一些过分夸大了作用的家具稍稍挪后一点，让自己能够在必要的时候对它做淡化处理。比如："四位长辈的希望和精神支柱"这件家具就应该向心灵的不显眼地方挪动一下。实际上，你认为你是"四位长辈的希望和精神支柱"的同时，你也将"四位长辈的希望"当成了自己的"精神支柱"。任何人都离不开他人的心灵支持，但将他人作为自己心灵房子的支撑则是对自我心灵的成长极为不利的！

2. 将一些被忽视的家具搬到显眼的地方，让它真正发挥作用。比如：友情的家具在整个青春期的房子里本该处于最重要的位置，可它现在隐藏在哪个角落里呢？

3. 想一想自己是否应该给心灵的房子增加几件有情调的家具。比如：兴趣爱好，娱乐休闲等。它们的到来会让我们的房子变得温暖和亲切。

4. 再思考一下心灵的房子里有没有无用的家具占了地方？比如：对未来的一些不必要的担心，对自己的一些不合理的要求等。

5. 给心灵房子中被遗忘的家具来一点装饰和点缀，比如装饰自己的友情，比如装饰自己的业余爱好，比如装饰自己对生活的热爱等等。

如果在我们心灵的房子里，家具本身就不丰富，布局本身就不合理，那么，仅仅依靠忽然进入的一件精美家具来主宰整个房子的做法肯定是不能长久的。更何况，这件家具进入的时间和地点都是一个很大的问题呢？

自己的房子要自己负责！先在心中擦亮窗门上的玻璃，并在心中将所有家具的灰尘都擦干净，然后按照上面的要求对家具重新进行布局。这样，你会忽然发现，那原以为不可替代的家具在心中的位置竟是如此的平常！

如果自己无法在想象中完成上面的心灵布局，则可以寻求一定的心理帮助。只有这样，你才能走出迷茫并获得心灵的成长！

15. 我想谈恋爱——少男少女萌情期的从众心理

2008 年 5 月 18 日　星期日

当下心情：渴望

心情指数：★★★★★

心情故事：

我的成绩是全班第一，也是初二全年级第一（我们学校是新建的，一个年级才4 个班，但也不错了）。我长得真的不是很漂亮，小眼睛，脸挺圆的，身高一米五七，有一点点胖。但是班里喜欢我的男生也不是没有，我初一的时候还被高年级的男生追过（虽然那男生长得一般啦）。只不过他现在不喜欢我了，可能是我自己不会把握机会吧。

从初二开始，年级里一对一对全出来了，我自己还是孤身一人。其实我也不是很内向的那种女生吧，在班里也是相当活跃的分子。班里有两个男生喜欢我，但他

们不是我喜欢的那一类型。况且我也不喜欢和同班同学谈恋爱，我喜欢找外班的，就是外班的异性认识的太少了。虽然全年级都认识我，但是我就是没有那些成绩不怎么好的女生混得好，看到她们可以很自然的和外班男生打打闹闹、开开玩笑，我也好羡慕啊。外班条件优异一些的男生都有了意中人，可是我真的很想有个男生陪着我，像那些女生一样，也可以有个骄傲的理由。

我真的觉得初中不谈一次恋爱很可惜，将来可能都会觉得很遗憾。毕竟也是一份回忆呢。

我也有在QQ上加到一些外班高年级男生，但是通常和他们都没有话题，就是问个名字以后就再没聊过了。我真的很想和他们成为像兄弟一样的人，见到面拍一下背啊，而不是单纯打招呼，可以很不见外地谈很多事。但是那些男生感觉话都好少啊，我都不知道该和他们说什么。

我想让外班的男生追我啊，可是我真的不是美女啊，我该怎么办呢。我们学校是住宿的，我也想有个男生和我一起吃饭一起走夜路啊。真的很想啊。我觉得她们好幸福啊。

以前我觉得很拽的那些男生，我以为他们是对女生不感兴趣的，没想到他们现在也都有女朋友了。我们班是年级最好的班，只有一个女生和外班的男生谈恋爱，谈恋爱的基本都集中在3班和4班。我真的很想有个男朋友！！

我如果自己主动去追男生的话，我们班女生都会对我有看法的，因为她们眼中的我是那种对这种事不感兴趣的人，况且我还是一个班长呢。

（冷色调）

心理点评

冷色调同学是想真正地恋爱一场吗？或者说：同学们是在真正地谈恋爱吗？

显然都不是，这些都不过是同学们在萌情时期的一种特殊的从众心理。

"从众"是一种比较普遍的社会心理和行为现象。通俗地解释就是"人云亦云"、"随大流"；大家都这么认为，我也就这么认为；大家都这么做，我也就跟着这么做。而对于冷色调同学来说，别的同学都有了比较密切的异性朋友，我怎么能没有呢？难道我真的没有魅力？为了显示自己跟大家一样，我也必须找到我的异性朋友！这就是典型的从众心理。

不过这种从众心理中也掺杂着青春期少男少女对异性的好奇以及对亲密的浪漫的人际关系的渴望。

"我真的很想和他们成为像兄弟一样的人，见到面拍一下背啊，而不是单纯打招

呼。""我也想有个男生和我一起吃饭一起走夜路啊。"这些愿望都不过是表明冷色调同学对一种亲密的浪漫的人际关系的渴望。这是一种精神层面的追求。而这种十分正常的精神追求其实是可以通过许多途径获得满足的，并不一定要通过从众通过追求一种表面的而非实质的恋爱来获得，更何况这种表面的而非实质的恋爱得到之后，一旦不能控制其亲密的程度，就会对自己的学习及成长造成极大的威胁。所以，不如抛弃从众，不如抛弃这种不切实际的追求，而是通过正常的异性交往来满足自己的心理需求。这样，你不仅能够实现自己内心的愿望，而且会让你获得极大的自信。而刻意追求那种似是而非的恋爱不仅会让你感到紧张焦虑而且会给你的自信造成威胁——因为你忘记了自己内心真正的追求！

总之，异性同学之间的友谊可以给我们带来自信，给我们温暖，给我们带来美丽的回忆，而硬将这种友谊带上恋爱的帽子，则往往会给我们留下遗憾！

第七章
理性思维篇

1. 绝对化思维让你感到世界不公平

2006 年 6 月 8 日   星期四

心情素描：

日子过得真快，新的学期开学不久，转眼就是会考的日子，学习真是紧张啊！有时候真想放弃，抛开那些令人烦恼的课本，做一些自己想做也愿做的开心的事情。可是世事终究无常，你想做的不一定能够去做，更不能随心所欲地去做。

这个世界真是不公平。有的人一生下来就享尽人世间的欢乐，可有的人却一生下来就在受苦；有的人一生下来就生活在大城市里，而有的人却要把生活在大城市当作自己的梦想来追求。他们接受着不同的教育，随后产生着不同的思维方式。当然说话和做事的方式也截然不同了。而正是这些不同影响着他们的成功与失败，决定着他们的权利与地位。

今天我一个人在家，不知怎的，心理总是不好受，一个人孤孤单单的，想哭，但又觉得没有理由。那些梦里许下的心愿会实现吗？我期待着它的实现，并盼望那一天能早日到来！

心理点评

即使你感觉上帝已经抛弃了你，你也还是有选择的。就像弗兰克所说的："在任何极端恶劣的环境里，人们还会拥有一种最后的自由，那就是选择自己态度的自由。"

世界的公平与否是没有答案的，因为我们不可能有一个关于公平的统一标准。

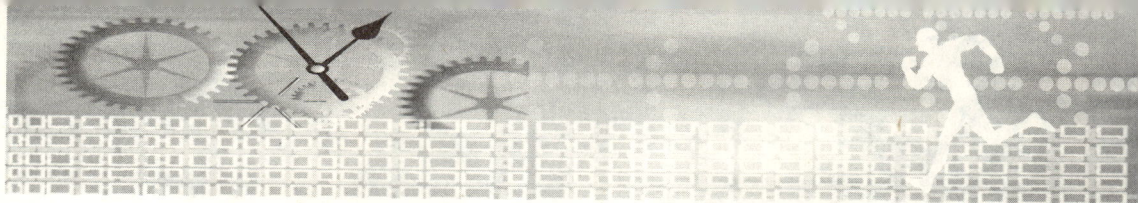

皇帝的女儿是世上最幸福的人吗？那么多"为何要生在帝王家"的怨恨又分明让我们感受生在帝王家的痛苦与无奈！挫折和苦难是最不幸的吗？而那么多人在成功之后深深地怀念自己曾经的磨难，又分明让我们感悟到不公平中其实蕴藏着大公平！

你认为，"有的人一生下来就享尽人世间的欢乐，可有的人却一生下来就在受

苦!"这是一种绝对化的非理性思维方式。它体现的是你心理上的极不平衡。实际上,这个世界谁也无法享尽世间的欢乐,谁也不会永远受苦。

如果你一直认为世界不公平,则表明对你生活着的环境一直不能接纳。对环境的不能接纳会转换为对自我的不能接纳,而对自我不能接纳的结果就是自卑。这样,你也许会放弃选择积极人生态度的权利,让自己深陷在消极和悲观的旋涡中不能自拔。

当然,偶尔地认为世界不公平,则可能是你不满足现状的表现,是你自我超越的开始呢!

总之,青少年朋友从个人幸福的角度回答世界公平与否,很大程度上是在表明其心理的成熟度。

2. 再失败的婚姻也会有它的价值

心灵花园:

婚姻,多少人渴望走进去,又有多少人极力逃出来。为什么?哎!婚姻真是人生最大的一次冒险。成功了就会找到一个安全舒适的避风港湾;如果很不幸,最后会落得无家可归的下场,唯一收容自己的就是自己的影子。

其实,祸福难测的何止是婚姻呢?这世间的一切不都是难测的吗?也许此时叱咤风云,但下一刻生命便突然褪去了它所有的色彩。是不是有些悲观?是不是有些杞人忧天?但是事实就是这样。那些人,那些事,如今只能当作寂寞时的一曲幽静的乐曲回旋在记忆的天空。就像黛玉一样,花是葬了,但愁苦也能随着这一抔黄土而被掩埋吗?她用一生的眼泪是换来了一份真正的爱情,但那又怎样?老天与她开了一个天大的玩笑。她走了,随着那漫天飞舞的落花。随花飞到天尽头的她找到了香丘了吗?没有,肯定没有,不然,大观园又怎么会衰落呢?玲珑剔透心,体弱多病身,痛苦悲惨命……

无论男人还是女人,他们的内心深处都有着一处脆弱,只不过女人比男人的多,也更容易显露出来罢了。人类以自己的方式互相伤害着,直至把对方也把自己伤得血淋淋的,用血和泪将自己彻底掩埋。又有多少聪明人能在最后一刹那放开一切呢?

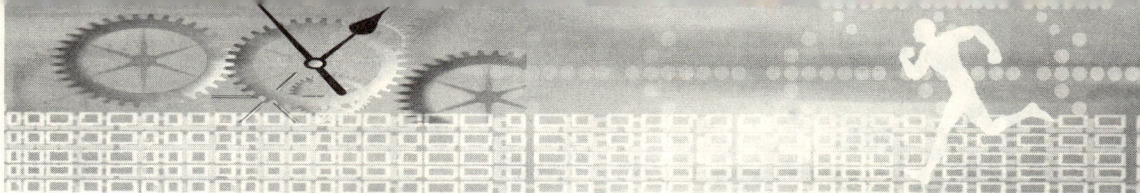

为什么不能善良一点，宽容一些，毕竟世界上没有真正的敌人！

年年岁岁花相似，岁岁年年人不同。我虽然摆出了无数条的理由，但我终究骗不了自己，一个人只能找到快乐，但绝对找不到幸福，而祸福的难测又让我对幸福不敢问津！

心理点评

再幸福的婚姻也会有问题。而再失败的婚姻也会有它的价值，有它打动人心，温暖彼此心灵的地方。只是，当我们对婚姻不满意的时候就往往忘记了或者忽视了婚姻给我们带来的温馨和快乐，从而将不如意的婚姻全盘否定。这种用绝对化思维看待婚姻的态度是怎么影响你的呢？是因为你听到了父母太多的争吵吗？还是因为目睹了父母太多的冲突？

因为绝对化的思维，你将事物一分为二：非好即坏，非坏即好！实际上，这个世界上的事物都是好中有坏，坏中有好。黛玉的命运固然凄惨，但是她得到了世间最宝贵的爱情，彰显了自己的个性。这难道不是她最大的安慰吗？

夫妻之间或者情侣之间的互相伤害是让人痛心，但相互伤害是因为相互有爱的需要，只是这种爱的表达方式出了问题。

抛弃了绝对化思维，你就能重新认识身边亲人的婚姻，并给自己一个积极乐观的心理暗示！

3.抛弃"夸大其词"的非理性认知

倾诉小屋：

练习册一本又一本，习题一道又一道，永远做不完的家庭作业压得我喘不过气来。睡意不时向我袭来，我快支撑不住了，两只眼睛一个劲地申请要休息。

理想中的大学——这条独木桥是多么的拥挤，走这条路是多么艰难啊！有多少人在过桥的时候被挤出桥面，掉落在悬崖深处。哀哉！过了桥的高兴，痴狂；过桥时掉落谷底的可悲可怜；没过桥的在桥上打战，恐惧。我呢，已经掉落一次悬崖了，所以这次，我没有退路，不成功就成仁！如果失败，我将不止是伤心，而是悲痛欲绝。

　　学生，你为什么总有无尽的烦恼，无尽的压力？什么时候，我才能潇洒地扔掉书本，痛痛快快地玩，痛痛快快地睡，还有无忧无虑地做一些自己想做的有意义的事情。学习的路真是又长又远，一眼望不到尽头。我在这条路上漫无边际地走着，不知休止地走着，一直走到麻木。

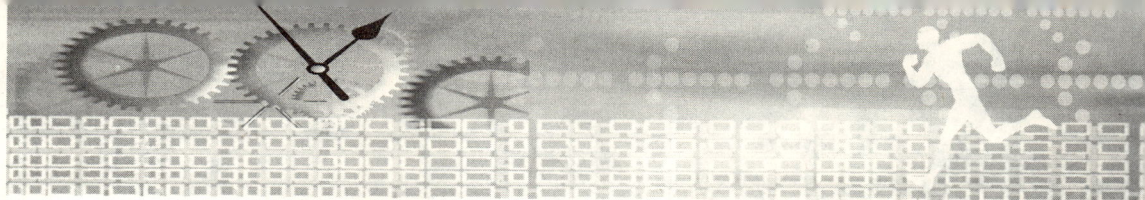

我好痛苦，因为我没有选择的余地。谁叫咱中国这么多人，中国的大学这么难上呢？怪不得有钱的人都送孩子出国了！像我这样的平民百姓的子女就只有尽力去挤这条充满痛苦充满无奈的独木桥了！

心理点拨

考上大学很重要，但它的重要性并不像你说的那样极端。世界上有很多人没读大学，但他们一样取得骄人的成绩，一样拥有幸福的人生。如果把考大学的重要性夸大到极端的地位，不仅对你的复习备考不利，对你的临场发挥不利，而且对你将来的大学生活都有不良的影响：为了考大学你牺牲了学习的乐趣、生活的情趣，考上大学之后你会发现大学并不是你想象中的样子，你可能会有大学适应不良的问题出现。

在对高考结果进行过分夸大的同时，你在日记中对高考竞争的残酷也同样进行了夸大其词的描述。这样的描述让你的情绪处于恐惧和自卑之中。在恐惧和自卑中长大的孩子是很难有一个平静、幸福的人生的，而不管他的事业是成功还是失败。

抛弃夸大其词的非理性认知吧！这才是真正的人生的"高考"！

4. 学会适当地消极

2007 年 11 月 14 日　星期五

心情故事：

信念是我忠实的朋友。当我为人生感到迷茫感到不知所措的时候，总有这样一种声音在我耳边响起："找准你的信念，向它前进！"曾记得，有一次学校分班，把三个实验班的同学中的前 12 名调走组建一个新的班级，即所谓的"次奥赛班"。目的就是为了使这些实验班中的尖子生能在当年的高考中取得优异成绩，为学校争光。非常不幸，我未被选中。

在那一刻，我的整个世界都是黑漆漆的。我犹如大海中独自与暴风搏击的一叶扁舟；犹如在沙漠中饥渴难耐的旅者；犹如在油锅里被翻煎的鱼儿。我几乎要崩溃了。已经不是第一次这样分班了。我强忍着泪水，但它还是不争气地流了下来。但我心中有一个信念，那就是"是金子就一定会发光"。于是，我迎难而上，奋勇拼搏，把自己从堕落的边缘拯救回来。在整个高三的时间里，我一直在坚定着我的信念，一直在努力着。但天不遂人愿，我还是失败了。

事实上，组建的那个班级仅仅只有2个人考上重点本科，并且是刚刚踩线。那个班级中更多的人选择了跟我一样的道路：复读。信念支撑着我再坚持一年。尽管是风险与机遇并存，我还是要赌一把，但愿我在明年的高考中能笑到最后，信念不倒，希望尚在！

心理点评

从日记中，可以看出：没被选上所谓的"次奥赛班"，你以为这只是人生的一种挫折。而实际上，这是不公平教育对学生造成的心理创伤。在崇尚人性化管理的学校中是完全不会发生的。把尖子生都弄走组建新的班级，留下自己和一些成绩差的学生在一个班级，对于一个求上进并且对学校及老师的态度非常敏感的学生来说，这种做法无异于一种抛弃！无异于一种歧视！在一种被抛弃被歧视的心理状态下面对高考，显然会对高考造成一种不利影响。

带着高考失利的挫折感，你进入了高三复读班。虽然有以前的"次奥赛班"同学给你做伴，心理上有了些许安慰，但心理上的压力还是会很大，这才有了你"赌一把"的心理。这种心理状态是需要调整的，否则对下一轮的高考冲刺很不利。具体的建议如下。

1.必要的心理疏导：要能够把以前埋藏在心里的伤痛充分宣泄出来。有条件的话，可以找人倾诉；没条件的话，可以通过日记倾诉。在倾诉中，其实并不需要把自己表现得那么坚强，而是可以把自己的脆弱和痛苦充分地表现出来。适当的消极和脆弱过后，你相反会真正坚强起来！

2.对曾经的失利进行外归因：曾经，你是可以成功的。但学校管理上的不人性影响了自己的心态，才导致自己高考失利。这样的分析，既是客观存在，也是减少内心压力与自责的需要。

3.鼓励自己接受一个比较差的复读结果，千万要抛弃"赌一把"的心理。有了这个比较差的结果垫底，你的心态会趋于平和，学习效率相反会高一些，结果相反会好许多。

5. 找出自卑倾向背后的非理性思维

2006 年 4 月 8 日　星期四

天气：阴

当下心情：郁闷

心情指数：★★★★★★

心情故事：

　　我是个女孩儿，还在上高中。我的自卑感是发自内心的。以前我特别胖，173 的个子足足 180 斤，我习惯了别人看我时略带嘲笑的目光。我的生活也有了很大的变化，比如说我每天骑车上学，我走的那条路好多学生，如果遇到好多男生，我会不由自主地紧张，只敢跟在他们后面走或是快速地超过他们，这使我很累。后来我开始了疯狂的减肥，瘦了好多，虽然仍称不上瘦，但基本已经正常了，但是我仍无法克制我强烈的自卑。我不敢和陌生的男生说话，我怕他们笑我，我甚至不敢跨入学校的商店、饭堂，我害怕人多的地方，我害怕他人背后的议论。我会特别在意别人的看法，我受不了关于我长相的一切玩笑，我真的想自信，找到一个高中生应有的朝气蓬勃，英姿爽朗！

（亚男）

心理点评

　　中学生朋友当中总有一些学生存在自卑倾向，严重地影响了其自我意识的建立。而这些自卑或自傲背后总有一些非理性的思维在起作用。找出这些非理性的思维从而摒弃之，对中学生朋友来说尤为重要。

　　那么，中学生常见的非理性思维有哪些呢？

　　1. 非此即彼的思维方式。例如，有位同学一直认真好学，考试成绩总在 90 分以上，而这次只考了 80 分。于是他得出结论："我失败了。"因为在他的思想中，只存在着成功和失败两种情况。任何事情不是成功就是失败。其实这是一个最大的思

维误区。成功和失败只是事物的两端，除去两端，事物更多的是处于无所谓成功也无所谓失败或者可以说成功也可以说失败的中间状态。还是上面的考试，90分以上是成功吗？不一定啊！相对满分应该是失败啊！80分就失败吗？不要说还有低于80分的同学。就算你的分数最低，那也是暂时的不成功。而暂时的不成功可能会孕育更大的成功。所以，我们在遇到挫折时要学会对自己说：我这次不是失败，而是没有成功！更准确一点说，是暂时没有取得成功！

2. 以偏概全的思维方式。比如，一位同学在食堂打饭，另一位同学不小心将汤撒在了他的身上，他就思忖："真倒霉！别人怎么总把汤撒在我身上！"其实，当问起他既往经历的时候，他却想不起还有另一次这样的经历。再比如，一位同学受到了老师的不公正待遇，便对所有的老师怀恨在心，认为所有的老师都会跟他过不去，因此对所有的老师都心怀戒备。而相应的理性思维应该是客观地认识到自己以偏概全的思维方式不过是自己一种消极情绪的泛滥而已。应该提醒自己要注意管理自己的情绪了。

3. 情绪推理的思维方式。你自己把自己的情绪当作真理的证据。你的逻辑是：我觉得自己像个失败者，所以我是个失败者。或者说你的思想和信念在"跟着感觉走"。而这种"感觉"本身就是失真的、消极的。比如日记中的那个女孩儿，别人的目光真的就是嘲笑的目光吗？特别是后来她减肥成功之后更不可能是嘲笑的目光吧？可她为什么总认为是嘲笑呢？是她自己的情绪在作怪啊！她不能很好地控制自己的情绪，还把自己的情绪当成真理的证据，又怎么不让自己痛苦呢？

4. 夸大其词的思维方式。你过分夸大考上名牌大学的作用，是不恰当的。因为过分夸大的后果，会无端地增加自己的心理负担。今后就算考取了，也会有失落感。

5. 虚拟陈述的思维方式。你不停地对自己说："我应该这样做。""我必须这么干"来督促自己。这些陈述使你觉得沮丧和愤怒。因为你这么督促自己，其实在思想上已对自己持消极和否定态度。结果会适得其反，你最终会以无动于衷和无所行动而告终。正确的思维应该是在恰当的时候对自己说："我喜欢这样做，所以这样做！"

6. 把消极当成熟的思维。你对自己说：我把生活都看透了，我成熟了。其实，真正的看透连神仙都做不到。而你所谓的"看透"，不过是生活中的负面认识过多，人生态度变得消极罢了。如果一个人在最关键的成长时期，将消极认识和负面情绪当作成熟，其结果无疑是令人悲哀的，会因此带来一系列的负面反应（包括诱发自卑），直接影响身心健康的水平，并阻碍心理的成长。

有了自卑倾向之后，除了要找到背后的非理性思维外，还要合理地安排学习和娱乐，扩大交际范围，这样生活丰富了，自卑自然就消失了。

6. 用理性擦去心中的嫉妒

2006 年 11 月 5 日　星期日

当下心情： 悔恨

心情指数： ★★★★★

心情故事：

"豆豆，明天是周末。我们不如两人一起去购书吧！"在周五最后一节课下课后，雨转过身对我说。"不了，明天我有事情。我先回家了，再见！"我无视雨的眼光，拿起书包转身向门口走去。我现在连看都不想看你，怎么还会和你一起去购书？

雨是我们班的班长同时也是我的好朋友，她人长得漂亮，心地又善良，同时也很聪明。她是老师的宠儿，同学的榜样。我不知道为什么她什么都比我好。年级排名她永远是第一名，最顶尖的那个人，而我却落在她的脚下，多少次努力超越她，可是得来的依然是失望的结果。我想不明白，我下的工夫不会比她少，为什么自己总是超越不过她？与如此优秀的同学成为无话不说的好友，我原本很高兴。可是日复一日，年复一年，我无论做什么都比她差，怎么跳也没有她高。于是，我自卑了。终于，看到她拿奖的笑容，自己再也无法衷心地祝贺；看她被老师表扬的时候，自己再也无法笑了。我明白了，我的自卑已经成了嫉妒。我恨不得让她消失，因为她一消失，她霸占的第一名便是我的了。嫉妒的心理搅乱了我的思绪，雨在我心中的好感，在我对她燃烧起嫉妒之心起便如轻烟随风飘散了。被嫉妒侵略的我，再也无法静下心念书。在后来的日子，大家可想而知，我的成绩一落千丈，这次的月考总分从年级第二滑到第十名后，这个成绩让老师与父母惊讶，他们不相信在短短的一个月里，我的成绩能下滑得这么厉害。面对着这个分数，再看看雨的排名。呵，我苦笑了下，她依然是第一啊！

（黄豆）

心理点评

当嫉妒来临的时候，及时地擦去嫉妒就成了人生的一种大智慧。

朱智贤主编《心理学大词典》中为嫉妒下的定义是："与他人比较，发现自己在才能、名誉、地位或境遇等方面不如别人而产生的一种由羞愧、愤怒、怨恨等组成的复杂情绪状态。"因此，学会理性地与他人比较就成为擦去嫉妒的关键所在。

1. 学会发展的比较。如某同学的成绩最好，每次都考第一名，自己总比他差。但如果用发展的眼光看问题的话，你会发现：在学校读书时，往往是第十名左右的学生后来更有成就，第一、二名的学生往往成就还小一些。这就是有名的"第十名现象"。虽然现实生活并不都是这样，但它至少让我们认识到事物是变化的而非一成不变的。

2. 学会辩证地比较：一个劣势后面总有一个优势，而一个优势后面总有一个劣势。同学们都知道伊索寓言中《蚊子和狮子》的故事吧？蚊子的优势是灵活，可它相应的就有了力量太小的劣势；狮子的优势是力量很大，可相应的就有了笨重不灵活的劣势。我的劣势是反应慢，但相应的我就有了做事情谨慎的优势；他的优势是反应很快，可相应的他就可能有做事情毛躁的劣势。此所谓"好坏相生"！认识到这一点，你就会对自己不如别人的地方心平气和了。

3. 学会具体地比较。和别人不单单是比成绩，更要比成绩背后所付出的努力，还要剖析各自的成长背景。如果一个在大山里长大从没有听过老外讲外语的学生和外国语学校的学生比英语，就不能单单比考试成绩了，更要比背后的汗水了。

如果通过理性的比较之后还不能擦去心中的嫉妒，就需要反思自己的人际关系是否和谐？是否需要改善？自己的奋斗目标是否定得太高了？

在嫉妒情绪十分强烈的时候则一定要学会使用宣泄法。最好能找知心朋友、亲人（有条件的话，可以找专业的心理咨询师）痛痛快快地说个够，他们能帮助你阻止嫉妒朝着更深的程度发展。也可借助各种业余爱好来宣泄和疏导，如唱歌、跳舞、练书法、下棋等。

7. 我是班上一根草

2008 年 1 月 6 日　星期日

天气：阴

当下心情：伤心

心情指数：★★★★★

心情故事：

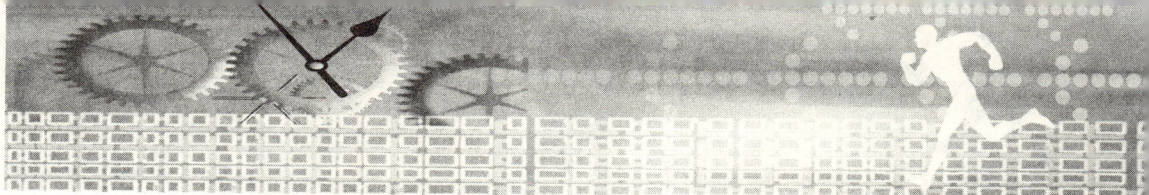

　　在小学，每次考试之后，爸爸妈妈总是乐开了怀。而现在上了初中，每次考试总让爸妈伤心、伤心再伤心。妈妈总是坐在沙发上用她那双大大的眼睛看着我，深深地刺痛着我的心。爸爸总是抽着烟在家里徘徊。

我在班里默默无闻。那些成绩好的同学就好比一朵朵绽放得非常美丽的花，还有一些绿叶来陪衬他们，这些花儿才显得更加美丽。我却根本谈不上什么绿叶，连一棵草也不是。即使是，也是一棵枯黄的草，即将结束自己生命的草。也许，这根草来年还会长出来。不是吗？不经历风雨，怎能见彩虹？

许多同学告诉我，他们的父母总在他们睡觉之前就先睡了。而我的爸爸妈妈总要陪伴我到深夜，看着我入睡之后才肯上床。每天，他们都会逼着我喝什么"健脑液"之类的营养品。我实在不想喝，但我又不能不喝。每个星期天，他们还会陪我去参加各种补习班。爸爸为了我连麻将都很少打了；妈妈为了我连舞也不跳了。我知道，他们这样做是因为他们不愿意我在班上做一棵草。但我一直不明白的是：同学李微的爸爸妈妈在她上了初中之后照样打麻将、跳舞，还经常出去旅游，可李微为什么没成枯草，反倒成了一朵令人羡慕的鲜花呢？我想问爸妈，但我一直不敢。

（赵诗书）

心理点评

这里，我又想到了两个人：一个是法国街头的中年小丑。他在街头给游人带来快乐的同时，自己是如此的快乐！他对游客说：当小丑是我一生的梦想，我成功了，我很幸福！还有一个是丘吉尔的母亲。当别人赞美她的首相儿子的时候，她却说：我还有一个儿子在家里种土豆，也很不错啊！

这两个人身上所体现的就是和现代文明相适应的理性思维。

如果这个小丑缺乏理性思维，一门心思要考名牌大学当"花朵"而对做"绿草"嗤之以鼻的话，世界上就少了一位优秀的小丑而多了一个对生活始终都无法满足的所谓"人上人"了。如果丘吉尔的母亲认为种土豆是一件下贱的事情而逼着两个儿子都去竞争首相当"花朵"的话，那么，也许能够做首相的丘吉尔反倒做不成首相了，而能够很幸福地在家种土豆的儿子也许连土豆都无法安心去种了。

逼着绿草去做花朵，这正是赵诗书家长的非理性思想所在，也正是赵诗书同学连做一棵绿草的信心都没有的根源。

要恢复赵诗书同学的自信，老师家长都必须改变观念。对老师来说，一定要反思教育的真正目的：教育绝不是用大多数学生做枯草的代价换取少数做鲜花的同学的成功。让每一个学生在学校都感受到成功的快乐，而不是只让少数学生感受到考高分的快乐。这才是真正的教育！对于家长来说，一定要用理性思维和现代精神来引导孩子，要使孩子从小就认识到：这个社会并不需要每个人都做花朵，这个社会

218

更多的是需要大片大片健康快乐的绿草。日记中李微爸爸妈妈的心态似乎让我们看到了一线希望。

做绿草，我就要为大地织一款美丽的地毯；是花朵，我就要给大地镶一条璀璨的项链！无论绿草还是花朵，都是这个世界最美丽的风景。不是吗？

8. 为什么要和比自己差的人比较？

2007 年 12 月 8 日　星期六

心情故事：

我今年大四，正在准备考研。我知道自己不是很优秀，甚至很普通，但我却是个要强的人，知道了自己的不足会努力去弥补。靠着这种争强好胜的动力，从小学到高中，成绩在班里一直名列前茅。但我也承认在这个过程中我变得很虚荣，很骄傲。直到高三以前，这种虚荣心还不足以影响我的努力，我还能静下心来专注于自己的事情——努力提高自己在全班的名次。但高三那一年却是我一生的噩梦，因为在那年准备高考的过程中，我经历了太多的痛苦，老是被各种奇怪的念头打断，无法专心学习。出现最多的就是：我的同桌学习不好，于是我在他面前有一种居高临下、沾沾自喜的感觉，觉得自己比他强，有了这样的念头，就无法投入地学习了。当时甚是苦恼，但又不知道找谁去求助。于是高考以失败告终，自己只上了一个二流高校。

如今大学已经过了三年，其实自己一直过得不如意，不开心。大三下学期我决定考研，因为我不甘心自己只呆在这样的学校里，而且也觉得自己已经走出了以前的心理沼泽。但事与愿违，当考研的日子快要来临的时候，我再度陷入以前的噩梦，那种奇怪的念头又开始出现。这次是：我们宿舍有一个哥们儿跟我考同一个学校的研究生，他人很笨，压根就考不上，我于是就觉得自己比他强，而且由学习方面扩展到了其他方面，沾沾自喜。而事实上自己能不能考上都还不知道，但我已经不能够再努力了。有了这样的念头，学习的时候老是被打断，根本控制不住，我都哭了。问题写到这儿，我自己都感觉很幼稚，很可笑，可我控制不住。为什么自己老是跟这样的人比来比去？有什么意思啊？我只想专心地做一点自己想做的事情，可为什

么要这么折磨我啊？这到底是为什么啊？为什么要这样啊？有人能帮帮我吗？这样的感觉有时真的是生不如死……

心理点评

这虽然是一个大学生的心理困惑，但因为所反映的问题是从中学开始的，所以这里也将这一则日记选了进来。

首先要澄清的是：你考上了所谓的二流高校并不是以失败而告终。要知道，考上一流高校的同学总是极少数，绝大多数同学要上的都是非一流高校，甚至还有极少数同学连三流高校都考不取呢！你这是典型的夸大其词和非此即彼的非理性思维——过分夸大考上一流高校的意义，并认为考上了就是成功，考不上就是失败。

一般情况下，有了比别人强的感觉是很受用的，心情会很爽的。而心情好了，学习效率也会提高。难道你和一般人完全相反吗？肯定不是。我想，在高三的时候，你和他的比较并没有让你失去什么。至于你说当时无法投入地去学习，其实只能说你无法完全投入地学习，而不能说你完全无法投入地学习。否则，你在高考中就将一败涂地了。你无法完全投入地学习的原因与那个比你差的同学是毫无关系的。原因可能来自于你自身，比如不太自信，比如对自己过于苛刻的要求，还有，你是否有强迫思维的倾向？你不是说你"老是被各种奇怪的念头打断"吗？也可能是来自于其他的外界因素，比如家长和老师施加的压力过大，没有注意对你进行心理疏导等。

你一直没有对当年的高考进行理性的分析，而是简单地将原因归于一个并无多大关系的人上面。这样，你就似乎对自己有了一个交代。

现在，你又面临着考研的压力。这似乎让你又回到了当年的高考。因为当年高考后你给自己贴上了一个"失败者"的标签，所以当年的高考就成了你的心理创伤事件了（你一直在大学不开心就与此有一点关系）。而现在宿舍又恰好有一个同学和当年的那个同学极其相似，这就让你对前途心存恐惧了，害怕又和当年一样经受打击。也就是说，你还没有参加研究生的入学考试就已经开始承受想象中的心理创伤了。不停地和别人比较的心理不过是过去焦虑和创伤的延续。这样的心理状态之下，学习老被打断就十分自然了。

所以，你的心理问题根本就不是什么和谁比较的问题，而是你自身存在一些非理性的思维，不能用一颗平常的心态对待人生的挫折。

要走出心理的困境，除了要重建理性思维之外，学一点道家的无为思想，在人生的十字路口保持顺其自然的心态也是十分必要的！

9. "爱对方八分，爱自己两分"不过是虚无的假设

心灵感悟：

太爱一个人，会被他牵着鼻子走，如被魔杖点中，完完全全不能自已。从此，你没有了自己的思想，没有了自己的喜怒哀乐，你以他为中心，跟着他在一起时，你就是整个世界；不能跟他在一起时，世界就是他一个人。

太爱一个人，会无原则地忍受他，慢慢地，他习惯于这种纵容，无视你为他的付出，甚至会觉得你很烦，太没个性，甚至开始轻视、怠慢、不尊重你。

太爱一个人，你无疑是一支蜡烛，奋不顾身地燃烧，只为求得一时的光与热，待蜡烛燃尽，你什么都没有了。

太爱一个人，他会习惯你对他的好，而忘了自己也应该付出，忘了你也一样需要同等的回报——他完全被你宠坏了。不要以为你爱对方十分，他也会爱你十分，爱是不讲道理的。所以很多时候，爱是不平等的。不要爱一个人爱得浑然忘却自我，那样全身心的爱只应出现在小说里，这个社会越来越不欢迎不顾一切的爱，给他呼吸的空间，也给自己留一个余地。

正在进行时固然让人觉得壮美，但若他离开时，你如何收拾这一地的狼藉？投入那么多，你能否面对那惨重的损失？

所以，爱一个人不要爱到十分，八分已经足够了，剩下的两分，用来爱自己。

（小梅）

心理点评

彼此独立的爱才是真正成熟的爱，就像舒婷的《致橡树》中写的一样："我如果爱你——绝不像攀缘的凌霄花，借你的高枝炫耀自己：我如果爱你——绝不学痴情的鸟儿，为绿荫重复单调的歌曲；也不止像泉源，常年送来清凉的慰藉；也不止像险峰，增加你的高度，衬托你的威仪。甚至日光。甚至春雨。不，这些都还不够！

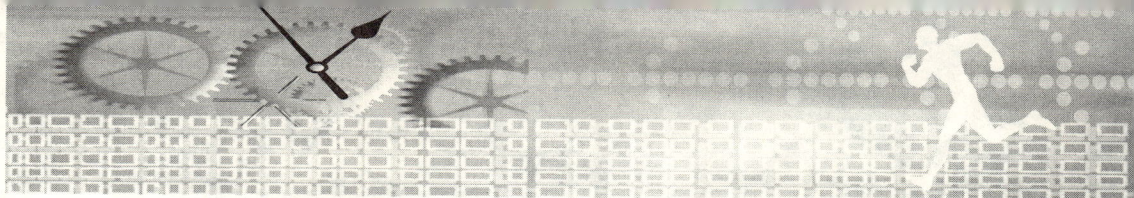

我必须是你近旁的一株木棉，作为树的形象和你站在一起。"在爱情中，很少有纯粹的凌霄花似的人，但有凌霄花倾向的人还是大有人在的。因为缺乏足够的支撑自我的力量，他（她）们会对爱形成一定的依赖。依赖的爱不仅无法促使自己成长，也容易让对方感到疲惫。一旦对方忽视了自己，就会觉得自己没有获得相应的回报，产生痛苦感和挫折感，并常常陷入要爱对方多少分的思维陷阱。

心理健康有一个重要的指标，即一个人区分自我和外部世界的能力。这个能力的强与弱可以区分心理健康的水平。如果一个成年人还无法区分哪些是自己的幻想，哪些是客观世界的内容，那就是精神疾病的表现。而对于青少年朋友来说，如果在付出爱的时候不能很好地区分哪些是现实的存在哪些是愿望的存在，虽然还不能算精神疾病，但至少说明心智发育的欠缺。因为区分自我和现实的能力的欠缺，青年人在恋爱中很容易将自己理想的恋人形象强加在对方身上并盲目地去爱一个虚幻的恋人形象——这就是一些人不能爱身边的人而可以爱远方的人，甚至是 QQ 中未曾见面的网友的原因之一。当这种虚幻不可避免地破灭的时候，他（她）就往往觉得是对方欺骗了自己并后悔于自己当初的付出，也就有了太爱对方的假象。而实际上，你"太爱"的并不是对方，而只是你心中的海市蜃楼。

当你的心智成熟了，就不会有什么太爱对方的困惑了，因为你爱对方的过程就是爱自己的过程。而所谓"爱对方八分，爱自己两分"的感情根本就是一种虚无的假设。

10．有了"差生"这个词才开始有差生

2006 年 4 月 8 日　星期四

天气：阴

当下心情：郁闷

心情指数：★★★★★★

心情故事：

我是差生，一个很差的学生，可有可无。差生是老师最讨厌的，作业本上满是一个个大红叉，考试时一张张刺眼白卷，我不想让别人认为我一无是处，所以我便

试着改变自己。于是，我整天默默地留心做好每一件事，有时我殷勤地去帮同学打扫卫生，有时我讨好地去帮老师擦黑板，有时我竟为不小心将一本书掉在地上打扰了别人而不安。我以为这样做同学就会觉察到我的好，老师也会不再那么讨厌我。

可是我错了，我渐渐地觉得我被别人遗忘了，就像是空气，别人看不到，只有我自己可以感觉到。当我意识到这一点时，我就开始变坏。我希望引起别人的注意，于是我开始捣乱课堂纪律：我拽女生辫子、我搞恶作剧、我骂人，可是每当这时，依旧没人理我，只是用那种我受不了的眼神望着我，是可怜吗？不，谁要他们的可

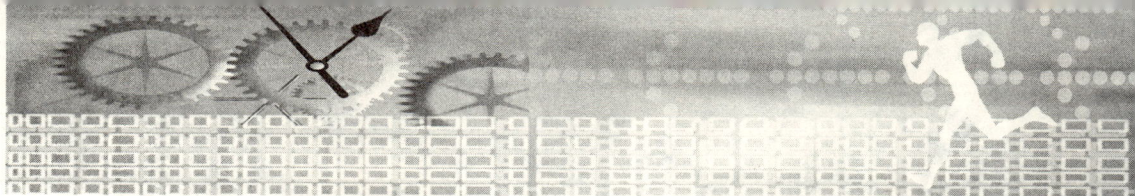

怜。我努力让别人记住我，终于有一天，有人对我说："你真可恶，我永远恨你。"听了这句话，我竟放声大笑起来，我知道我"成功"了，尽管是恨我。我转过身去，一颗晶莹透亮的液体从我的脸颊上滑落下来，是泪水吗？不，我是差生，差生没有眼泪。

我继续做着坏事，我的目的是要每个人都忘不了我。每当"成功"一次后，我都为自己感到骄傲，为自己喝彩。然而，当我快要成功时，我忽然觉得有一种失落感涌上心头，晶莹透亮的液体不断流出，那是一种涩涩的感觉。其实我并不坏，我只是不想让别人把我遗忘，我不愿孤独，我希望拥有友谊，我喜欢老师的表扬。

我只有选择这种方式来赢得"重视"，因为从来没有人理解我、帮助我，我所拥有的只是享用不尽的冷漠。这一切的一切都是因为我是差生。

（小刚）

心理点评

差生的标签是谁贴上去的呢？我想，老师可能无意中贡献了一部分功劳，家长也许不知不觉地参与了其中。当然，还会有同学的促成等。但最终将差生的标签牢牢地贴在头上的人一定就是你自己！你也曾做过一些正向的努力试图去掉这个标签——"整天默默地留心做好每一件事"，但你的努力并没有换来预期的效果，很快你就开始用反向的行为来代替本该坚持的正向努力。你的恶作剧、捣乱课堂纪律等竟然仅仅是为了让同学、老师不要忘记你的存在。而当他们真的记住你的时候，你又开始对自己这样一种存在感到悲哀起来。此时，那差生的标签就似乎变得牢不可破了——你内心的差生感受就不断地通过这些违纪行为在外部固化了。

但是，世界上没有不可摧毁的堡垒！

要消除差生的标签，除了要获得教师和家长必要的欣赏之外，消除自卑树立自信，抛弃反向的行为，坚持正向的努力就成为关键之所在。我们时刻都要坚信：我们每一个人，无论是成绩好的，还是成绩不好的，是性格内向的，还是外向的，都是茫茫宇宙几亿年进化的结果，身上都蕴藏着不可限量的潜能等着我们去发掘。每个人都会有自己的优势所在，只是发现它并不那么容易。我们没有权利放弃自己！而只有自己真正地重视自己之后，别人才可能真正地重视你。这样，差生的标签也就不攻自破了。

最后，希望你永远记住的一句话是：世界上不是因为有了差生才有"差生"这个词，而是因为有了"差生"这个词才开始有差生！

11. 适当满足感情，避免过分理智化

2008 年 4 月 12 日　星期六

心情故事：

转眼间星期五又到了，我的心里不禁产生一种失落感。看着学校的大门一开，家长们就蜂拥而至对孩子们嘘寒问暖。我不知道我是嫉妒还是心酸。我的目光在人群中搜索着，却怎么也搜索不到我期望中的身影。这意味着我又要在别人家度过漫长难熬的星期天。虽然他们对我很好，但我始终感觉不到家的温暖。哎，路是我自己选择的，又有什么办法呢？

前几天，爸爸妈妈问我是否回家。我犹豫了，思忖良久，最后我还是决定不回家。是我不想家吗？不是！是我不想父母吗？也不是，而是面对昂贵的车费让我退缩了，因为实在不想让爸爸妈妈为我多一份负担，为我过上紧巴巴的日子。

昨天晚上，我躺在床上，想了很多。在我心中，只要爸爸妈妈过得好就是我最大的幸福。但在爸爸妈妈心里，我身体好、学习好才是他们最大的幸福。想到这里，我的鼻子不禁酸了。回首往事，我已经记不清爸爸妈妈为我付出了多少。但在我心里却一直想着：一定要好好学习，好好生活，不让爸爸妈妈为我多操心。但是这几天，我的感觉很不好：首先是英语没考好，由第一名滑到了第四名，随后又是我的开水瓶不见了。

窗外的雨还在下，天何时能放晴？哎！

（张洁）

心理点评

2008 年的那场冰雪灾害中，几万人等候在冰天雪地的广州火车站几天几夜。这样做是不是太不划算？不就是回家团圆吗？为什么要付出如此昂贵的代价？

是的，表面上看，他们的做法实在很不理智，成本实在太高！但如果我们认识到了亲情的价值，认识到亲情的满足所带来的巨大的心理能量，我们就会发现这个

成本是值得的。因为人是有感情的动物，人的活动——无论学习还是工作甚至娱乐都需要感情的参与。满足感情的过程其实就是给精神补充能量的过程。如果一个人连最基本的亲情都得不到适当满足的话，他的学习和工作就会受到一些不利的影响。

你成绩的下滑甚至遗失开水瓶的烦恼也许都和你满足亲情的欲望受到自我压抑有关哦！

学会适当满足自己的感情，不仅可以让我们充满力量，让我们更健康更优秀，而且可以让我们避免过分理智化——生活中，适当的理智很重要，但过分的理智化则往往容易引起焦虑，不利于发挥和挖掘我们的潜能。

12. 认识家庭中的负性情绪转移

2006年3月8日　星期三
当下心情：郁闷
心情指数：★★★★★★
心情故事：

昨天晚上，妈妈找我谈中考升学的事情。她希望我这段时间不要看韩寒的书，还希望我暂时不要上网写博客。开始的时候，我们聊得挺好。她说我现在是非常时期，是比较辛苦，但过了这段时间就可以好好玩了。她还许诺说，中考之后，我们全家三口人一起去海南旅游，给来我个彻底的放松。可后来，她接了一个同事的电话后，就风云突变了：不仅厉声厉色地命令我不许看与考试无关的书，而且不许看电视，不许听音乐，还要收缴我的MP3。我们吵了起来。后来，我和妈妈都哭了。

早上，爸爸告诉我，昨晚妈妈的同事告诉她：公司业务不景气，老板想辞掉一批人，而留下的人薪水也要降30%。妈妈属于被留下的人，但以后每个月的工资要少了许多。哎，工资少了，也不是我惹的祸呀，凭什么要收缴我的MP3呢？

(小鱼)

心理点评

有一个故事非常准确地表现了家庭中负性情绪转移的现象，说：一个父亲在单位受到了领导的批评，心里很不爽。回到家，就对自己的妻子发脾气。妻子不敢做声，回过头来就训斥自己的儿子。儿子也不敢反抗，也忍着。刚好这时小花猫从儿子身边经过，儿子提起脚对准小花猫就是一脚。小花猫惨叫一声仓皇离去，离开的

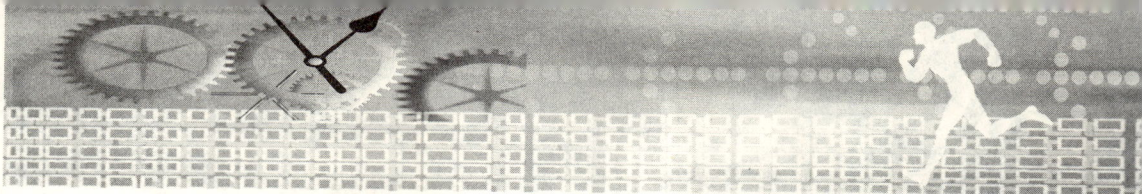

时候还不忘记回头望一望自己的小主人：平时这么宠爱自己的小主人怎么突然就这么凶狠呢？

小花猫当然不会明白，真正踢它一脚的实际上是男主人的领导。因为男主人的领导批评了男主人致使男主人带着愤怒回家。他回家之后，在不自觉中将愤怒转移给了自己的妻子，而做妻子的不敢反抗丈夫又无意中将自己的愤怒转移给了自己的儿子，儿子最后又转移给自己的小花猫了。这种负性情绪无意中的转移对家庭情感上的链接是极具破坏力的。除了做父母的要善于调节自己不让负性情绪跟进自己家门之外，做子女的还要善于识别父母的负性情绪转移，从而学会保护自己。比如，故事中的小雨在面对母亲忽然之间变化的情绪，可以冷静地对母亲说："您之前和我的交谈，我十分感动，也愿意按您说的意思去做。但现在，您是不是在电话里受到了什么打击，内心十分愤怒？要不然，您刚才的这些情绪是从哪里来的呢？您有什么委屈，有什么愤怒您就尽情地宣泄出来吧！女儿一定会理解您，支持您！"如果你做到了这一点，相信再情绪化的父母也会及时意识到自己的问题，并迅速调整好心态，而你的MP3也绝不会被收缴的。

这样，妈妈的负性情绪就可以光明正大地在家庭中得到宣泄，而不需要通过发火吵架等隐藏的渠道进行宣泄了。这样，家庭作为情感港湾的功能才能够真正体现出来！

13. 不是别人欠你的，而是你自己欠了你自己的

2007 年 10 月 25 日　星期四

当下心情：痛苦

心情指数：★★★★★★

心情故事：

我小学六年级没上，跳级升入初中。进入中学后，成绩位列班里 40 名左右。由于换了新环境，又比别人少上一年，心里害怕成绩不如人，十分自卑。原本出类拔萃的我渐渐变得沉默寡言，脾气暴躁。后来成绩虽然提高了，但也仅列 10 名左右。上高中后，我不满足自己初中的表现，认为成绩不理想是自己没努力。于是，我一

心学习，很少与同学交往，不断给自己加压。我现在有点孤僻，动不动就发脾气，觉得每个人都欠我的。我很痛苦。

（小凡）

心理点评

认为每个人都欠了自己的，其实是自己欠自己的已经到了极点！欠自己什么？欠了自己的情感交流，欠了自己的娱乐休闲，欠了自己心灵成长的需要，欠了自己对亲情友情的起码需求。

另外，如果一心只读"圣贤书"，知识面就会变窄，从而限制了自己触类旁通的能力，学习效率就会大大下降。如果认识不到这一点，仅仅在学习上追加"投资"，久而久之会导致满盘皆输，并加剧内心的不平衡感——认为别人都欠你的，其实就是自己内心不平衡的体现。所以，应该让自己参与不同的活动，特别要学习如何为人处世。因为只有学会生活，学会与人相处，才能更好地学会学习。

14．幸福能够归还吗？

心灵感悟：

如果幸福在无意之间追随了我，那么我能够让幸福归还吗？

如果幸福在无意之间属于了我，而我很晚才知道，那么幸福还来得及归还吗？

幸福如果来得及归还，那么请上天给我指示，让一切都回到原点。

幸福如果来得及归还，那么用自己的生命来作为代价好吗？

幸福如果能够归还，也许我会用自己的生命作为代价，让一切回到原点。

世界并不是很适合我，但是我学会了珍惜。

（小成）

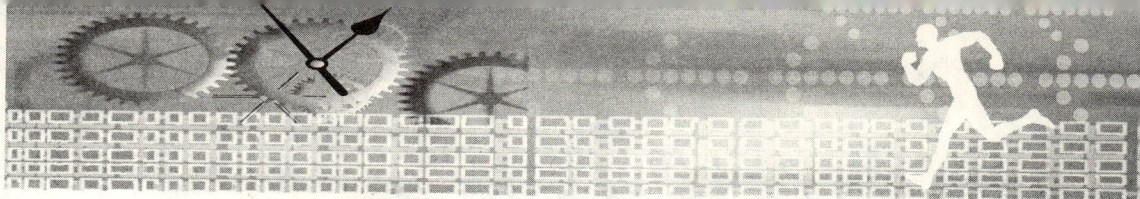

心理点评

归还的前提是：有人抢走了或者是偷走了或者捡走了你的幸福。

其实，幸福只是内心的一种感觉。感觉，别人能抢走能偷走能捡走吗？不能！

所以，幸福根本不需要归还，也无法归还。幸福在每个人的心里，需要的是我们用心去体会，而不是再抢回来（或者让别人归还），因为真正的幸福一直都在我们心里！

年轻时，我们大多会去远方寻找幸福，但慢慢地，你会发现其实幸福就在我们身边，爱不在远处而在身边；失意时，我们也许会向外祈求爱的情谊，但我们总会发现爱其实是靠自己用心培育的，爱不在外面而在里面；自我封闭时，我们以为爱就是一件艺术品，放在那里等着我们去欣赏去珍藏，谁也不能去碰它，但我们终于发现爱是流动的、是分享的、是互动的产物，别人分享我的幸福只会让我更加幸福，而不是相反——如果别人能够抢走的话，那一定不是真正的幸福，而是幸福的错觉或表象。

所以，你并不需要回到原点，也不要祈求将所谓的幸福死死地抓在手里了。

从现在起，面向大海，和朋友一起、和亲人一道分享自己内心的任何一种感觉（包括那些你认为不好的感觉），幸福就会自然地在你我之间永远不停地流淌啊！

第八章
心理常识篇

1. 本篇寄语：刘禹锡 PK 柳宗元，挫折如何变财富

在同学们中间，经常可以发现这样的现象：同样是面临人生的挫折，如升学考试失败、受到了老师或同学的误解等，有的同学能够坦然面对并努力完善自我；有的同学则不然，他们或怨天尤人，或自暴自弃，最后还将自己的极端情绪合理化，名曰：我已经看透了！

他们真的能看透吗？我们不妨先对唐代文学家柳宗元和刘禹锡来一个命运大PK 吧。

柳宗元和刘禹锡有着同样的才华——两人都在二十一岁时同时中进士，有着同样的遭遇——一同在唐朝中央政府任要职并参加王叔文的政治改革，改革失败后又同时被贬到当时最偏远的两个地区任小官吏。但他们有着截然相反的人生归属——柳宗元四十多岁便怀着一腔悲愤离开了人间，刘禹锡则在闲适的晚年生活中欢度了他的 70 岁大寿。

其中的原因肯定是复杂的，但是有两个字不得不说，那就是"心态"二字。后期的柳宗元如后期的李清照一般抑郁寡欢——这在他的作品中体现得淋漓尽致——是典型的抑郁心态；刘禹锡则和苏轼一样自始至终都是如此地乐观豁达——这同样在他的作品中得到了充分的表达——而被后人戏称为"不可救药的乐天派"。

当贬为永州司马的柳宗元在为自己的不幸遭遇而在小石潭"凄神寒骨悄怆幽邃"凄凄惨惨凄凄，在江边"孤舟蓑笠翁，独钓寒江雪"的时候，同样被贬的刘禹锡却正在"谈笑有鸿儒，往来无白丁"的陋室中"调素琴，阅金经"，在秋天的田野里"晴空一鹤排云上，便引诗情到碧霄"，在扬州初逢席上高歌："沉舟侧畔千帆过，病树前头万木春。"

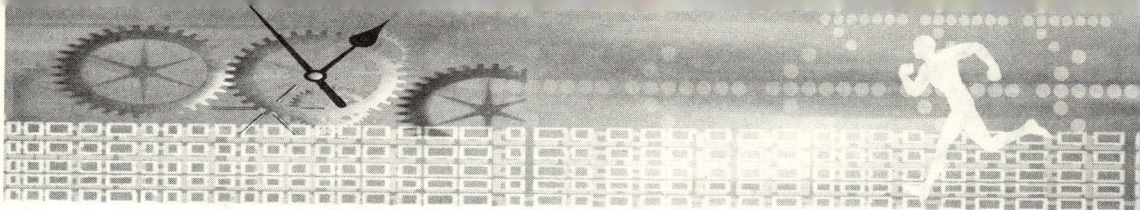

　　刘禹锡因为有着积极的心态，所以他能够在不幸中看到幸运：被贬之后的"无丝竹之乱耳，无案牍之劳形"的生活是被贬之前所不敢奢望的，是幸运的值得充分享受的。而即使在偶尔的悲伤之后，他也马上能够看到希望，看到"千帆过"，看到"万木春"，从而丰富了他的人生底蕴，并成为了刘禹锡一生中最大的财富。

　　柳宗元因为始终无法摆脱悲愤和凄凉，所以大自然的美景也只能让他的灵魂得到片刻的安宁，而片刻的愉悦之后又激发起他更大的悲凉。那么美的小石潭也只能成为他的伤心地，并因为"不可久居""乃记之而去"了。柳宗元终究因为无法承受这大不幸而过早地离开了让他痛苦不堪的世界。

　　通过对柳宗元和刘禹锡的命运大PK，同学们能够看清楚人生的真谛吗？还会在经受挫折后因为无法调节自己的内心而以"我看透了"来欺骗自己吗？

　　试一试，向刘禹锡学习——学习如何调节自己的内心。这样，挫折才会变成财富哦！

2. 姐姐不是火中的 "邱少云"

2007 年 3 月 26 日　星期一
当下心情： 恐惧
心情指数： ★★★★★★
心情故事：

　　八岁那年，我知道了一个秘密：我有一个姐姐，在一岁零两个月的时候被火烧死了。那时，我已经不小了，我能想象出一岁零两个月的小婴儿在火中的呻吟声。我知道：她不是邱少云。邱少云被火烧的时候，他没有呻吟过。但我的姐姐肯定做不到。她一定是万分的痛苦，喊叫的声音一定万分的凄惨。

　　姐姐的死给我带来了困惑，我不知道为什么会这样。我更不知道我会不会在某一天也像她一样的凄惨。

　　还有，我们都是独生子女。如果姐姐不被火烧死，我根本就不可能出生啊！我的生命是姐姐用生命换来的吗？可不可以这样说：就因为我要出生，所以姐姐就必须死去呢？如果是这样，我就是姐姐的罪人了！我真不知道该如何面对我死去的姐姐！

（张君）

心理点评

8 岁孩子的想像力已经非常丰富了。

在孩子具备了一定的想像力但心灵又很脆弱的情况下，大人们的一些不经意的语言有时会对孩子造成较大的较为持久的心理创伤。这是许多家长所意识不到的地方。因此，大人们在不得已需要对孩子提及某个已经发生的恐怖事件（特别是发生在亲人身上的恐怖事件）时，则要尽量避免恐怖场景在孩子的脑海中出现。此时，大人们是可以对孩子使用一点善意的谎言的。比如，张君的父母在和张君提及她死去的姐姐的时候完全可以说：她是生病去世的。并要求其他的亲人也这样对她说。等张君长大了有了足够的心理承受能力（比如说 18 岁左右），再告诉她全部的实情，我相信她一定会为父母的细心而感动。

语言对心灵的作用是巨大的。在意大利电影《美丽人生》（LifeIs Beautiful）中，父亲圭多为了不使孩子受到战争的创伤，将纳粹集中营的大屠杀说成是一种游戏，从而很好地保护了孩子脆弱的心灵。这样的做法可以给我们许多启示。

对于张君同学头脑中已经存在的恐怖场景，则可以在心理医生或心理咨询师的指导下，利用一些心理学技术予以消除。之后，还需要指导她对恐惧和内疚心理进行重新认知，要让她坚信：姐姐的悲剧只是一种偶然，和自己没有关系，更不需要自己来承担任何的责任！妹妹能够快乐地生活，一定是姐姐最大的心愿！

3. 为什么怕鬼却爱看鬼片

2007 年 5 月 8 日　星期二

心情故事：

从小到大，我一直以来都有一件很烦的事情。

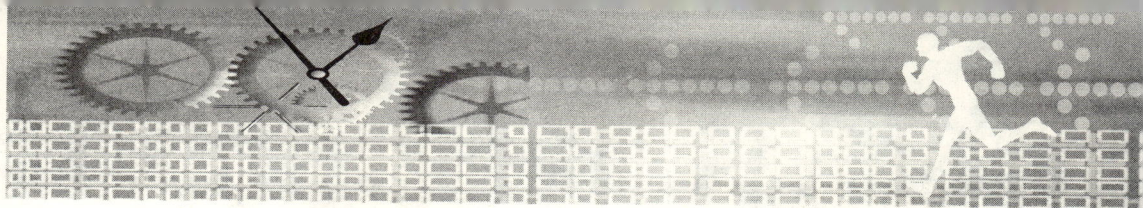

这件事情就是我很怕鬼。我知道世界上并没有鬼，可我就是怕。怕鬼却又喜欢听鬼故事、看鬼书、看鬼片等。我不能理解我自己。

每天上楼梯时，有人还好，如果没有人，我就会怀疑后面有鬼。尽管有灯，我还是很怕，我于是三步并做两步走，跑得飞快。我房间有个挂衣架，上面挂着衣服、包还有帽子。灯一关，就像一个鬼站在那里。我害怕极了。冬天睡觉时，都是用被子将全身上下捂得紧紧的，只露出鼻子呼吸。坐在沙发上看电视，都是把腿蜷在沙发上，要不然老想着沙发底下有鬼会抓住我的脚。上厕所时，老是害怕突然伸出一只血手把我拉下去。但如果有人在旁边，我就不怕了。

心理点评

　　成年人习惯于从科学的角度去思考鬼是否实际存在。对于青少年朋友来说，他们可不管什么科学道理。因为有恐惧心理在支配着他，所以他就感觉到了鬼的可怕。而恐惧心理有可能是因为其安全感的缺乏。而对于一个孩子来说，安全感的缺乏大多与父母关注太少，亲子间缺乏情感交流有关。所以加强亲子交流使孩子有充分的安全感是消除孩子怕鬼心理的途径之一。

　　青少年对于自胶周围的世界还不够了解，我们还可以把恐惧看成是他们警戒心的表现。老师和家长应该毫不犹豫地承认和接受他们的恐惧心理。当他们表达自己怕鬼的体验时，我们不要说什么"鬼实际上是不存在的"，"你是男子汉，应该勇敢些"之类的话，而是用理解的语言来给他们提供心理上的支持，使他们有足够的能量来面对未知的世界！

　　另外，有时，成年人的某些焦虑情绪可以通过观看恐怖片来得到一定的缓解。同样，孩子们爱看恐怖片可能是因为他们对学习感到了焦虑，对生活感到了枯燥。所以用丰富的课余活动缓解孩子们的焦虑感和枯燥感，就可以降低某些孩子们爱看恐怖片的程度。

　　通过爱看恐怖片的心理分析，我们也可以得到一个启示：有意识地使自己极度紧张，可能会是一种最好的放松方式。这就好比肌肉只有先握紧拳头使肌肉紧张起来，然后才能完全放松一样。有许多同学在中考高考的前几天会紧张，这样会不利于考试的发挥。那消除紧张的方式是待在家里听音乐，还是走到电影院看一场恐怖片？这就要因人而异了。特别要提醒的是：用极度紧张的办法来放松自己，对有的人可能有效，对有的人可能没有效果。即使有效，也还要注意不能超出自己的心理承受能力，否则就会适得其反，甚至对身心造成一定的伤害，一定要慎重！

　　最后值得说明的是，如果无端怕鬼到了影响正常生活和学习的程度，则可能是有心理问题甚至是精神疾病了，应该寻求心理老师的帮助。

4．喜欢猪八戒的心理含义

2007 年 7 月 8 日　星期日

天气：晴

当下心情：迷惑

心情指数：★★★★★★

心情故事：

　　我在学校是学习委员，学习刻苦是大家公认的。在家也是勤快听话的乖乖女，还经常帮助妈妈做家务呢。但我一直有个爱好，就是特别喜欢看《西游记》。别人看西游记大多喜欢孙悟空，而我却一直喜欢猪八戒，不知道为什么，从小时候到现在一直如此。看到猪八戒那傻傻的样子我就忍不住傻笑起来。父母不理解，我也很不理解。我的个性和猪八戒是截然相反的啊！我怎么会喜欢猪八戒呢？真是莫名其妙！

（小勤）

心理点评

　　弗洛伊德认为一个人的人格由本我、自我、超我组成。本我是由一切与生俱来的本能冲动组成。本我的活动只受"快乐原则"的支配，一味地追求无条件、一时的满足。自我是从本我中分化出来的一部分。它是关注现实的一部分，受现实的陶冶变得"识时务"，不盲目追求快乐。它使人能在现实生活中理性地、正常地生活。它遵循现实的原则，力求避免痛苦、追求满足。超我是我们希望自己是怎样一个人，是理想的自我。它遵循道德标准，是我们生活中的典范。

　　如果你喜欢唐僧，说明你选择了一个以"超我"特征为主的理想主义者，道德感强，自我约束能力强，但是难免死板拘谨；如果你喜欢孙悟空，说明你选择了一个以"自我"特征为主的现实主义者，敢于向权威挑战，追求自由和正义，但是有自我夸大的倾向，喜欢耍小聪明。青少年朋友喜欢孙悟空，大多是因为他们的逆反心理，希望挑战权威（如父母、老师等）。如果你喜欢的是猪八戒，则说明你选择了

　　一个以"本我"特征为主的享乐主义者，率真可爱，但是往往容易冲动，对自己的行为缺乏约束。

　　正是唐僧代表的"超我"、孙悟空代表的"自我"以及猪八戒代表的"本我"构成一个正常人格的有机整体。每个正常人身上都有这三种人格特征，只是不同的人在这三者上面的强弱各不相同罢了。

　　需要指出的是，你选择猪八戒"本我"，并不说明你"本我"的特征一定就很强。有时恰恰相反，正是因为你"本我"的特征一直很弱（或者说你的"本我"一

直在压抑之中），所以你感到特别需要有很强的"本我"特征来加强自己的力量（或者说需要释放出更多本我的力量找到更多的快乐），这样你才选择了猪八戒。选择"自我"、"超我"，也是一样。

由此可见，小勤同学喜欢猪八戒可能因为她平时对自己要求比较严格以至于让她的本我感到压抑了，需要做一点点调节哦！

5. "恐高"不用怕

2006 年 3 月 17 日　星期五

天气：晴

当下心情：疑惑

心情指数：★★★★★★★

心情故事：

不知道是怎么了，我忽然对从高处往下看充满了恐惧。

有一次，我到一所学校去玩。当我登上楼顶的时候，无意间一个东西掉了下去。我赶紧趴在楼房的边缘往下看去。顿时，我觉得头晕目眩。再看一看地面，我就有一种想跳下去的冲动。我赶紧离开了楼顶。下来后，我发现这不过是一座五层的楼房，却让我如此恐惧。

难道，我的胆子变小了？或者是我得了恐高症？

心理点拨

恐高症又称畏高症。据国外调查资料显示，现代都市人中有91％的人出现过恐高症状。其中10％属临床性恐高。他们每时每刻都得想方设法避免恐高症"突发"。恐高的基本症状就是眩晕、恶心、食欲不振。眩晕会使身体失去平衡，这时站在高处的人就变得非常危险了。

那为什么人站高处往下望就会眩晕？

239

专家指出，眩晕与视觉信息缺乏有关。当你身处高处，往下看一片模糊，景象大幅度缩小，一切都变得遥不可及，跟平日习惯的视像大相径庭，这时你的视觉信息大减，就会失去平衡。一般情况下，大脑指挥身体做出的动作幅度是以视野中物体的相对活动为参照对象。假如从高处往下望，地面物体太远太小，就不能作为平衡信息回馈的根据了。再加上人在高处，眼睛无法在水平位置找到实物进行水平运动参照，于是人体平衡系统崩溃，继而出现类似舟车晕浪那样的眩晕，无法定位。科学家指出，人们靠"视觉流场"控制自己的姿势和运动。当人们站在一条笔直的公路上，公路尽头在我们极目处消失，这时人不大会害怕，因为人与这个视觉流场成直角。但当人站在大厦边缘往下看，尽管也是一望无际，这时大脑的判断能力会受到困扰，因为人跟视觉流场并非成直角关系，而是扩大到180度，大脑感觉地心吸力把身体吸进无垠之中。

为什么站在高处有往下跳的冲动？

如果你站在深谷的边缘，你会感到即将会坠落的不祥感或者可以称之为压迫感，它会促使你立即后退，避免坠落的悲剧发生，这是一种自我保护的机制，这是正常的反应。然而，如果你站在高层建筑的屋内就惊恐万状，并极力回避，这就不正常了。这种对高处产生的过分恐惧的情绪，恐惧的程度与实际危险不相称，明知恐怖过分，不合理、不必要，但无法控制，并有回避行为就构成了恐高症。而此时产生的跳下去的冲动，不过是一种过度自我保护的结果。

日常生活中很多自称患有"恐高症"的人其实都属于正常的范围，只是个体自我保护的本能反应。只要没有影响到自己的生活，就无须放在心上。如果对自己的生活造成了比较大或比较持久的影响，就需要寻求专业人士的帮助了。

6. 生命对我们多重要，哀伤就有多重要

2007 年 6 月 11 日　星期一

心情故事：

他是我的同桌，也是一个孤儿，一直住在姑姑、姑父家，而姑姑、姑父又下岗了，靠做一点小买卖勉强度日。

我们经常在下课后站在阳台上眺望远方。他常常对我说，在那场事故的前一天晚上，他做了一个梦，梦见全家人乘坐的汽车翻到山脚下，正和第二天事故的情形一模一样。他说，他一直都在后悔，后悔没有说服家人，让他们相信自己的梦。说到这里，他的眼圈红了，眼中出现了一丝忧伤。而眼睛始终睁得大大的，不知道他究竟看到了什么。

他性格单纯，单纯得有些傻气。我从未见过像他那样好骗的人，别人说的什么他都相信。一场简单的骗局可以让他上当无数次。那些古怪精灵的调皮生就仿佛发现新大陆似的，经常去整他。挨了整，他也从不生气。

可能是小时候恐惧的阴影已经深深地烙印在他的心里，让他变得异常胆小，对于别人的欺负只有打不还手，骂不还口。

单纯的心，让这个 15 岁的少年对武侠小说中的情节深信不疑。他常利用节假日的时间去图书馆借些关于武打的小说"研究"。他常常幻想自己有朝一日能像金庸、古龙笔下的武林高手一样飞檐走壁。至今，他还保留着向广场上晨练的老人们"偷学"太极拳的习惯。

他告诉我，他最大的愿望是在夏天下大雨的时候躲在屋里玩电脑。

（刘炜）

心理点评

日记中的"他"，一直没有真正走出那场噩梦，所以才有"他"的胆小怕事，才有"他"的悔恨内疚。而要想帮助"他"走出噩梦，就必须帮助"他"正确地哀悼自己的父母，充分地表达自己的哀伤。但是，在中国人的传统思维中，一个人巨大的哀伤不去想便是最好的，所谓"节哀顺变"。而实际上，单纯地"节哀"不去想"哀"并不能"顺变"。只有充分表达了"哀"，接受了"哀"才能很好地"顺变"，对于一个正在成长中的孩子更是如此。

丧亲的心理过程一般分为四个过程：①震惊，麻木，不相信；②痛苦；③心理的哀悼过程；④整合。

对于一个丧亲的孩子来说，如果哀伤长期得不到有效表达，不能及时走过心理哀悼阶段并进入整合阶段，就会出现沮丧焦虑、自责内疚、空虚孤独，有时还会产生强烈的被遗弃感，并直接影响其自我认同的发展。日记中的"他"沉迷武侠小说，在幻想中满足，不敢表达自己的愤怒等，就是"他"自我认同出现障碍的表现。

可以这样说，生命对我们多重要，哀伤就有多重要！

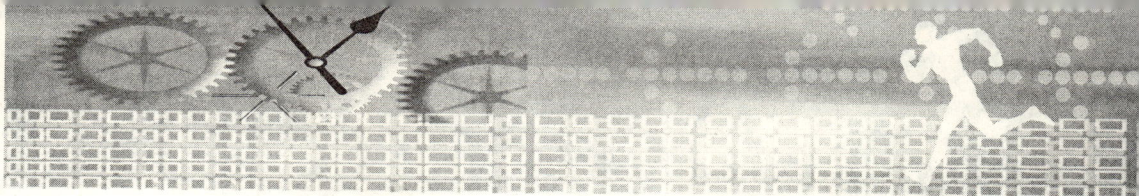

7. 自虐，你为什么残忍地对待自己

2007 年 9 月 21 日　星期五

天气： 阴

当下心情： 压抑

心情指数： ★★★★★

心情故事：

初一的时候，我是一所普通中学的普通学生。虽然普通，然而快乐。我喜欢文艺，班主任让我当文艺委员。我感到自己很受重视。可是，爸爸妈妈对我不满意，觉得我在一所普通中学混下去，前途渺茫，于是不惜重金将我转到了市里的一所顶尖的中学。来到这所学校，我才发现，我原来只是一个丑小鸭。学习成绩一直在班上摆尾不说，连我的文艺才华也根本不值得一提：班上的同学中，钢琴过多少级的、唱歌跳舞得什么奖的比比皆是。在班上，我根本就不好意思开口唱歌！

一次期中考试后，班级开总结会。老师要我们分析我们班这次没考赢别的班级的原因。有个班干部就说：就因为有个别同学拖我们班的后腿。说完之后，有很多同学都用眼睛瞪着我。我强忍着自己屈辱的眼泪开完了班会。当晚，我躺在寝室的床上，很久也不能入睡。忽然，我摸到了一把水果刀，不由自主地向自己的手腕划去。看着流出的鲜血，我没有一丝疼痛，反而有一丝快意。我终于入睡了。

后来，我竟然养成了一个习惯：只要我非常非常难受的时候，我都要在手腕上划一道口子，心里才好受一点。

我自残的事很快就被室友发现了，并且传到了老师那里。老师批评了我，要我改正。可是一到关键时候，我就控制不住自己。

现在，我已经上初三了，压力更大了。我担心自己还会自残，更担心自己考不上高中让爸爸妈妈失望！

（小丽）

心理点评

由于转入新学校之后出现的适应困难，同时出于自卑，小丽发生了自虐行为。许多人在遭遇挫折之后也会有自责、自罚的行为，如"卧薪尝胆"等，但一般不会夸大自己的挫折，也不会自虐，更不会在实施自我摧残后感到快意。

对小丽而言，要改变自己的不正常行为，关键要改变不正确的自我评价。由于教育背景上的不同，你和其他同学之间存在一些差异是很正常的。你是一个独特的个体，你一定有你的优势所在！只是由于你的自卑，你一时无法找到自己的优势罢了。

对老师而言，要改变小丽的行为，关键是要提供给她足够的心理支持，而不是一味地批评和讲道理。

对家长而言，改变自己对孩子的一些不合理的期望，加强和孩子的情感交流，同样至关重要！

另外，经过一系列的调查，我们发现，最终有自虐行为的孩子，往往在早期就存在自虐倾向。下面是一个自虐倾向的心理测试，可供参考：

附：

【心理测试】你有自虐倾向吗？

1. 当你悲伤时会：
   A 听喜欢的音乐
   B 到无人的地方大喊大叫
   C 把自己关在屋子里不吃不喝
2. 当你感到泄气时：
   A 找朋友聊天
   B 找励志书看
   C 到街上闲逛到四肢疲软
3. 当别人伤害你的自尊时：
   A 忘记
   B 找机会报复
   C 一个人流泪
4. 在超市排队付款时，有人插队到你前面，你会：
   A 沉默

B 与他理论

C 转回购物区采购大量东西消气

5. 在寒冷的冬天，你看到一只小猫在你家门口快要冻死了，你会：

A 抱它进屋

B 不管它

C 踢它一脚

6. 同学不小心把墨水洒到你衣服上，你会：

A 自己洗

B 让对方洗

C 当场把衣服剪烂

7. 有人请你做你不愿意做的事时你会：

A 不同意

B 违心地同意并把事情做好

C 违心地同意并故意搞破坏

8. 与家人有了矛盾时你会：

A 沉默

B 找机会和解

C 不回家

9. 当朋友没有按时赴约时你会：

A 继续等

B 打电话骂对方

C 与他绝交

10. 当你失眠时你会：

A 数绵羊争取睡着

B 起来看书

C 打电话骚扰睡梦中的朋友

_____

未选—0分　　A—1分　　B—2分　　C—3分

总分

0~3分：无自虐倾向

4~12分：偶尔有自虐倾向

13~18分：有轻度自虐倾向

19~21分：有中度自虐倾向

22~30分：有重度自虐倾向，需要治疗

8．爱洗手是强迫症吗？

2007 年 9 月 15 日　星期六

天气：阴

当下心情：担心

心情指数：★★★★★

心情故事：

我，一个正读高二的女孩子，由于母亲是医生从小要求我们讲卫生，所以也就特别爱清洁。可是，近半年以来常常有反复洗手的毛病，总觉得手不干净。出门回来我会花很多时间来洗手。平时只要碰了我认为脏的东西，就必定会反复洗手十几次甚至更多。我们寝室里有位同学看过几本心理学的书，说我的症状很像强迫症。但我认为这是洁癖。如果是洁癖，就只是我的个性罢了；如果是强迫症，那我就是病人了。我可不想当病人。我该怎么办呢？

心理点评

强迫症是神经症中一个很常见的类型，其核心症状就是强迫，可以表现在思想、情绪和行为等方面。你的洗手问题与强迫症中很常见的一类症状——强迫性洗手非常相似。但是要确定是否为强迫症，单凭你洗手的外在行为还不能作出强迫症的诊断，重要的是你在洗手时有什么样的体验。强迫症的核心问题是自我强迫和自我反强迫共存，患者会有强烈的心理冲突。就拿洗手来说吧，内心里有两种对立的力量，一方要反复洗手，而另一方却不想洗下去，双方势均力敌，相持不下，这就构成了强迫。所以，要诊断强迫症，必须具备这种体验。

如果你的洗手行为具备了这种强迫的性质，加上问题持续已有半年多了，也达到了强迫症的病程标准，并且给你带来心理上的痛苦，如果没有器质性病变和躯体疾病可以解释强迫表现的话，可以确定就是强迫症了。

246

洁癖与强迫症不一样。因为洁癖有强迫性洗涤这一类常见症状，似乎是爱干净、爱清洁，所以很多人都认为洁癖就是强迫症。其实这是一种误解。两者在性质上不一样，强迫症是一种心理障碍，有其发生、发展、转归的过程；而洁癖则是一种个性特征。另外，如前面我们说到的，强迫症在洗涤时是很冲突、很痛苦的，而洁癖则喜欢这样做，因为洁癖的人喜欢清洁，他们会在清洁的过程中体验到乐趣。人们之所以怀疑洁癖是否正常是因为洁癖的人对清洁的钟爱程度超过了普通人，但这并不意味着与大多数人不太一样的行为就一定是疾病。

强迫症是一种心理障碍，目前常用的治疗包括药物治疗和心理治疗。药物治疗主要选用一些抗抑郁药物；心理治疗可以选择精神分析治疗、认知行为治疗等方法。

强迫症的疗效取决于很多因素，如致病因素是否持续存在、病史长短、治疗是否及时和充分、是否有良好的社会支持等。部分患者经过及时的治疗可以有效控制强迫的症状，但也有部分病人恢复不彻底甚至迁延为慢性。因此，如果患上强迫症应及早寻求专业医生的帮助。

9. 别用"鬼""坏人"等吓孩子

2007 年 9 月 20 日　星期四

天气：晴

当下心情：痛苦

心情指数：★★★★★

心情故事：

有一次，看一期《走近科学》的电视节目。里面讲到了神农架的野人。我马上就想到了外婆小时候给我讲的野人吃小孩的故事，就觉得非常恐怖。看完电视，我竟然一夜没有睡着，心里总想着野人分布图，因为这个分布图上面清晰地写着我们生活的地方也有过野人。我在心里告诉自己，根本没有野人，或者现在已经没有野人了，可我还是无法排遣恐惧。当时，我已经变得异常敏感，一点风吹草动我都张着耳朵去听，因为我害怕野人出来了。这样一直持续到了天亮。

从那以后，每当我在睡觉的时候就想起野人，我都会对自己说："隐身！防护罩

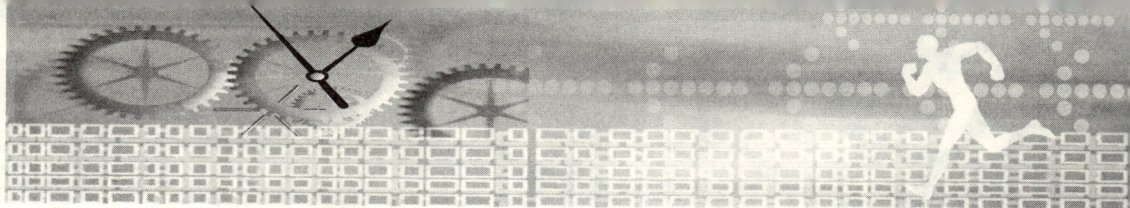

打开！"虽然我知道这是迷信，但能给我带来一点安全感。

我不知道什么时候，我的野人恐惧症能够痊愈！

（小明）

心理点评

大人们用鬼、野人、坏人等来吓孩子，好让孩子听话一点，这是中国人教育孩子的最大误区，以至于对孩子造成不同程度的心灵伤害，而大人们还洋洋自得，一点都没有意识到他们行为的后果。

心理学上，对儿童的攻击包括工具性的攻击和言语的操作性攻击。"再哭鬼来抓走你"或者"警察叔叔来抓人了"……用这些言语来吓孩子，就属于言语的操作性攻击。很多家长往往只看到一时的"恐吓"有了效果，例如孩子立即不哭了，马上听话了，孩子受伤的心灵大人们则是看不见的。

在一些心理咨询的案例中，我们可以发现，许多孩子的童年可能都有被狼外婆、鬼故事等吓过的经历。对孩子来说，当时并不会有什么特别的不良影响。但这样的恐惧经历有时会在家长的"屡试不爽"中被泛化。曾经有这样一个求助者，孩提时因为听多了"狼外婆"的故事，成长中再不敢与老年妇女接触。从心理学的角度看，孩子在童年时期受到的恐吓，很可能会影响到其社交能力的发展和人格发育。这样的孩子更容易因为童年的阴影，造成内向、不愿与人交往、自卑的性格。

小明同学对野人的恐惧很显然和孩提时期受到了故事中野人的惊吓有一定的关联。而你的"隐身！防护罩打开！"的语言暗示保护法虽然很有创造性，但并不能真正消除恐惧心理。正确的做法应该是在认识到自己恐惧的原因之后想办法消除恐惧心理而不是被动地应对。如果在入睡时产生了对野人的恐惧，可以放一点轻松的音乐来缓解焦虑并转移自己的注意力。因为野人在你心目中是一个凶猛的形象，为了增加你面对凶猛对象的勇气和胆量，你可以适当地多观察一些诸如动物园中的老虎、狮子之类的凶猛动物。而多参加一些社会实践活动，多做一些力量型的体育锻炼也将有助于培养你的胆量，从而使你逐步从野人恐惧中解脱出来。

如果你对野人的恐惧到了影响生活和学习的地步，就需要在专业人士的指导下做恐惧心理的脱敏训练了。

10. 虐待小动物容易诱发人格障碍

2008 年 5 月 18 日　星期日

心情故事：

今天第三节课间，庞虎不知道从哪里捉来了一只螳螂放在课桌上。他从课桌里掏出一把雪亮的水果刀，一刀就将螳螂的头给砍了下来。在同学们的围观下，他接着很利索地卸掉了螳螂的上肢和下肢，然后一刀刺进螳螂的腹部，还一边念念有词地说：乖！真乖啊！不一会，螳螂的腹部从里向外完全翻了过来。

最后，他还给它举行了"火葬"——把它烧掉了。

庞虎在班上一直是一个受人欺负的对象，胆子小得不得了。可不知道为什么他虐待动物的胆子这么大。我在旁边吓得都不敢看——是眼睛偷偷地从指缝中挤出来看的。

"火葬"了螳螂之后，庞虎一天似乎都很兴奋。还到处讲他的"英雄故事"，说什么他"火葬"的是一只母螳螂，是在替公螳螂报仇，因为螳螂在交配时，母螳螂会回过头来，先啃公螳螂的头部，然后一口口将公螳螂吃个精光。

现在大家都在讲，要保护动物，和动物友好相处，庞虎同学为什么这么喜欢虐待动物呢？是他的心理变态吧？

心理点评

青少年虐待小动物，实际是心理障碍的行为表现，在很大程度上是其发泄心中郁闷、缓解紧张情绪的一种方式。人具有攻击和破坏的本能，当他遭遇心理压力和挫折境遇时，就可能重新激发他的侵犯动机，出现攻击性。当一个人由于某种原因而不能对侵犯者予以还击时，往往会找一个替罪羊（如比自己弱小的人、小动物等）发泄一通。

庞虎同学可能正因为在现实中受到一定的侵犯，而他又无法对侵犯者进行还击，所以，无辜的螳螂就成了这些侵犯者的替罪羊。

　　如果一个青少年长期以虐待比自己弱小的人或者小动物的方式来发泄郁闷，对其人格发展将会产生很不利的影响，甚至是反社会人格障碍形成的诱因之一。虐待小动物往往容易转变为虐待弱小的同学从而催生校园暴力事件。

　　要纠正青少年虐待小动物的"怪癖"，我们建议从以下几方面着手。

一是查找造成这种不良行为的原因。青少年学生的精神压力一般来自于四个方面：A．人际关系不和谐；B．学习压力超过承受能力；C．家庭教育或者学校教育过于严格甚至粗暴，造成孩子心理紧张；D．家庭不和，孩子感受不到父母亲的温暖。分析是哪种压力造成的，然后根据具体情况采取相对应的措施去减轻、缓解青少年朋友的心理压力，才能从根本上解决问题。

二是对青少年加强爱心教育。讲述小动物的可爱，动物对人的益处，动物与人之间的感情，引导青少年友善地对待动物，激发青少年对小动物的热爱和同情心。

三是对青少年多些关心和爱护。不仅在物质上，更重要的是在精神上，如学习方面的困难、同学之间的交往、个性发展的需要等等，只有沐浴在友爱的阳光里，他们才能身心健康地成长。

四是适当使用奖惩手段，矫正不良行为。对少数虐待动物成"癖"的青少年朋友，可以给予批评教育，使他们明确认识自己的错误。有的虐待小动物，是想用欺强凌弱的方式来表示自己的能耐，对此心理应从严教育。要奖惩分明，在使用惩罚时，要首先使他们明白为什么受惩罚，该怎么做，不该怎么做。

虐待动物是没人性的，但这种没人性的行为往往来源于缺乏人文关怀的教育环境。只有进一步改善我们的教育方式，多一点人文关怀，诸如大学生虐猫等事件才会慢慢在我们的生活中消失！

11．学会给暴躁脾气降温

当下心情： 郁闷

心情指数： ★★★★★

心情故事：

我经常会觉得自己有病，因为我总是控制不住要发脾气。在家里，我老喜欢和我妈妈发生冲突，因为我觉得她真的很烦。当我正在做某件事情，比如看电视的时候，总能听见她在一旁唠叨。她越说我，我就越烦她，就越不听她的话。直到我真的受不了了，我就会在家里大声乱叫，乱摔东西，乱踢桌子。

除了妈妈唠叨让我发脾气之外，如果妈妈答应了我的要求却不去做的时候，

我也会乱发脾气。当时就是那种达不到目的誓不罢休，有一种说不出来的着急的感觉。

我真不知道我到底是怎么了。有时火气大了甚至会说出一些伤害父母的话来，然后又感到特别后悔。比如有一次，天气冷了，回到家后，我坐在床上看电视。爸爸拿来衣服给我穿上，我却特别反感，因为我一点也不冷，我不喜欢做我不爱做的事。不知不觉又发了一通火，把爸爸给伤害了。其实，我是非常喜欢我爸爸的。他从小就很宠我，从没打过我骂过我。可现在，不知道为什么，有时候就是特别烦他。而他随便说我一句，我都有想哭的感觉。

在学校也一样。我有时会很莫名地讨厌一个人，而有时又很喜欢他（她）。

大人们说我是不懂事，可我觉得我很懂事，只是控制不了自己的情绪。

我很想改掉我的暴躁脾气！

（王双）

心理点评

青少年的"暴躁脾气"有生理与心理两方面的原因。

从生理上来说，主要是青少年性激素分泌的成倍增长带来"生理能量"的成倍增长。而生理能量在无法释放的情况下又造成大量"心理能量"的淤积。所以，青少年应多参加体育运动以释放能量，从而排除"火气大"的生理因素。

从心理上分析，进入青春期的少男少女，逐渐有了成人感和独立意识，希望自己的事情自己来做主，难免会与父母发生冲突。

给"火脾气"降温的方法如下。

1. 父母要学会冷处理。王双的母亲要尽量减少唠叨的次数，让孩子用自己行为的后果来教育自己。

2. 孩子要学会给暴躁脾气"降温"。其办法有以下几种。

A. 如果你的情绪容易激动、兴奋，就不妨多看些散文，听一些舒缓、轻松的音乐，这会使你暴躁的情绪安定下来。另外，你还可以做一些自己喜欢的体育运动，这既可以增强你的体质，又可以使你的心态变得平和、宽容。

B. 多想后果，学会换位思考，锻炼自己冷静思考的能力。

C. 适当发泄

比如，你可以在空旷的地方大喊几声或唱唱歌，或者找一个沙袋，把它当做你的发泄对象，但切记不要太过猛烈，也不要影响他人。还可以找一个值得你信赖且愿意倾听你烦恼的朋友或熟人宣泄自己的苦闷。

12. 学会管理自己的情绪

2007 年 5 月 19 日　星期六

天气：晴

当下心情：内疚

心情指数：★★★★★

心情故事：

　　不知道从什么时候开始，我觉得我自己变得好可怕，就像变了一个人似的。比如：当别人无意间推了我一下，我就会愤怒地翻他一眼，并不由自主地脱口而出一个字："贱"。我感觉我的好朋友都在渐渐地疏远我，并且有几个好朋友已经不理我了。这样，我的脾气就更加暴躁了。放学后，我只要看见谁不顺眼就会骂谁。我想，这可能和爸爸妈妈从小对我的娇惯有关。爸爸妈妈从小就惯着我，不管我发多大的脾气，他们都是默不作声。

　　前些天，奶奶从乡下来了。我也不知道为什么对她就不亲密了，甚至不知道要对她说什么话了。记得小时候，我回乡下奶奶家的时候，她总是抱着我乐呵呵地夸我是她的好孙女、好宝贝。

　　昨天中午，我刚跨进家门，奶奶就笑着迎出来说："好孙女，来吃葡萄！"我也不明白是怎么了，就大吼一声："我不要！"并把葡萄扔了一地。我很恨我自己。

（雪丫头）

心理点拨

　　由于从小父母的娇惯，你还没有树立管理自己情绪的意识。当然就更谈不上管理情绪的能力了。别人无意间推了你一下，也会让你怒目而视，并说出伤人的话来。而说过伤人的话之后呢？你的情绪不但不会好转，反而会更糟糕。也许正是带着这些糟糕的情绪回家的缘故，你的奶奶就无意间成了你情绪的攻击对象。而攻击了奶奶之后呢？情绪肯定糟糕到了极点。

那么，到底要怎么察觉自己的情绪并控制自己的情绪呢？以下提供几个情绪管理的方法供你参考。

第一，及时体察自己的情绪。也就是，时时提醒自己注意：我现在的情绪是什么？例如，当你因为别人推了你一下而对他怒目而视的时候，马上要问问自己："我为什么这么做？我现在有什么感觉？真的是他的行为让我生气，还是我自己很郁闷正好以他推我为借口来发泄？"如果你察觉你经常对别人的一点无意动作都很生气，

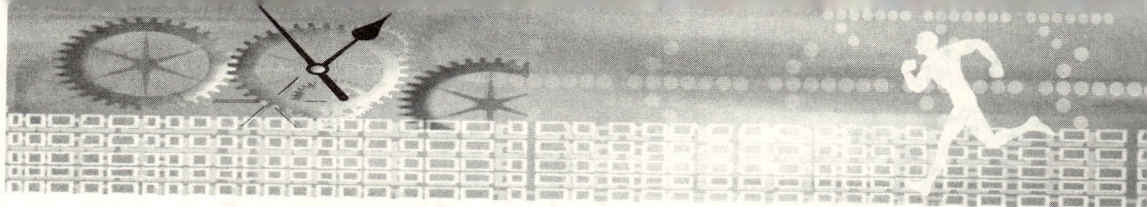

你就要注意对自己的生气做更好的处理。

学会体察自己的情绪，是情绪管理的第一步。

第二，适当表达自己的情绪。还以别人推了你一下的例子来看。你因为心里郁闷不由自主地瞪了对方一眼，在这种情况下，你可以真诚地告诉他："对不起，我的心里很烦！希望你不要介意！"而这个推你的同学说不定很善解人意，会马上帮你疏导情绪呢！而同样是对奶奶的态度，如果你发现了自己的情绪在里面捣乱，也同样可以向奶奶表达："奶奶，我这几天在学校压力很大，心情不好，我不能陪您了，等我心情好一些了，我再陪您说说话好吗？"

适当表达情绪，是一门艺术，需要用心去体会、揣摩，更重要的是，要确实用在生活中。

第三，以适宜的方式宣泄情绪。宣泄情绪的方法很多，有的人会痛哭一场，有的人找好友诉苦一番，还有一些人会听音乐、散步或适当地玩一些攻击类的游戏等。比较糟糕的方式有喝酒、吵架打架，甚至自杀。值得注意的是，宣泄情绪的目的在于给自己一个理清想法的机会，让自己好过一点，也让自己有更多能量去面对未来。如果宣泄情绪的方式只是暂时逃避痛苦，过后需承受更多的痛苦，这便不是一个适宜的方式。

有了不舒服的感觉，要勇敢地面对，仔细想想，为什么这么难过、生气？我可以怎么做将来才不会重蹈覆辙？怎么做可以降低我的不愉快？这么做会不会带来更大的伤害？根据这几个角度去选择适合自己且能有效缓解情绪的方式，你就能够控制情绪，而不是让情绪来控制你！

13. 有些家庭问题不在人，而在系统

2008 年 10 月 20 日　星期一

天气：晴

当下心情：痛苦

心情指数：★★★★★

心情故事：

　　我是个女孩，今年 15 岁。我的爸爸、妈妈结婚十多年了，可一直因为爸爸那方面的亲戚而争吵。开始时我还是婴儿，奶奶因为身体不好而推脱，没有来照顾年幼的我，爸爸妈妈那时工作非常忙，所以妈妈坚强地将我拉扯大，但她从未忘记这事，所以每次爸爸给奶奶钱或者怎么样，他们就都会吵起来。

　　爸爸做生意原来是和叔叔、婶婶一起，可我 8 岁那年妈妈因为种种原因坚持要与他们分开做，所以没有什么文化的婶婶一直怀恨在心。

　　忘了说了，我的爷爷是个聪明且宽宏大度的人，所以小时候他来带我，而且什么事都能作出公正的裁决。

可是今年我爷爷去世了，婶婶又翻出旧账，将我妈妈大骂了一顿，我妈妈觉得受到侮辱，就一直惦记着要报仇，也常常为此与爸爸吵。

爸爸今天生意不太好，而且又遇到了许多麻烦事，所以心情不好。今天是冬至，爸爸去了趟老家，妈妈得知，心里很不高兴，就又和爸爸吵起来。以前他们吵架从未提到离婚，可今天提到了。我真想不出什么方法劝阻他们，只能流着泪。

妈妈很坚强，也是个好人，从来都是她付出多，所以她认为付出了这么多却得到了别人的侮辱，感到心痛。

爸爸也很难，他心情不好，他无法忍受妈妈每天的逼问，所以今天爆发了也在所难免。可他也不对，他总是说着自己实在无法忍受，却从来不安慰妈妈。

我要怎样安慰他们，劝他们呢？

心理点拨

夫妻之间因为彼此原生家庭中的成员而发生矛盾的现象是很普遍的。所不同的是，有的矛盾得到了及时化解或者在后来得到了有效的避免，而有的矛盾不仅不能及时化解，而且越积越深，甚至发生激烈冲突而导致家庭破裂。我们经常说：一个人结婚不仅是和对方一个人结婚，同时也是和对方的原生家庭乃至原生家族结合。但我们很多夫妻对这一点认识不足，发生这类矛盾时也就很难理性地去化解了。

在上面的故事中，究竟是因为丈夫与原生家庭过分密切，不能及时与原生家庭做一些必要的分离从而引起妻子的不满，而妻子为了阻止丈夫与原生家庭的过多联系而采取了一些过分的措施；还是妻子本身对丈夫的原生家庭就有偏见或对丈夫原生家庭的某些人有情绪而导致丈夫不能用心培育新生家庭而偏向了原生家庭，这些都有待深入了解。

不管是什么原因，你所需要明确的是：父母之间的问题可能是家庭系统的问题，而不是哪一个人的问题。而要解决家庭系统的问题必须在有效沟通的基础上家庭的所有成员都作出调整（当然首先必须是父母或父母中的某一方主动调整自己的方式）。必要的时候，须借助外力，比如邀请家庭问题方面的专业人士适当介入等。如果不能及时调整而导致父母婚姻破裂，你要记住的只有两句话：父母永远是爱你的，无论他们是在一起，还是不在一起。你永远都拥有他们的爱！

如果你想安慰妈妈，就开心地度过每一秒钟吧！唯有你的快乐才是对她最好的安慰。再不要去探求父母问题的根源，因为这种探求远远超过了你现在的能力范围，徒劳无益的努力只会增加你的痛苦，而你的痛苦又会加深父鸥的痛苦！

14. 过分刻苦是一种自我攻击

2006 年 10 月 26 日　星期四

天气：晴

当下心情：悲凉

心情指数：★★★★★

心情故事：

　　还有几个月，我就要初中毕业了，可我一直高兴不起来，因为我觉得女生真是太倒霉了，无论怎么努力也无法确立遥遥领先的地位。我从小就很努力学习，在六年级前，成绩始终是班上前三名。男生们都不认真念书，他们天天花样翻新地玩，而我则像苦行僧一样地学习着，从未体会过玩的滋味。但是，到了六年级的时候，男生们就像天兵天将一样占据了班级排行榜前面的位置。

　　我终究还是升入了区重点初中。

　　在初一和初二的时候，我在班里还是比较靠前的，但进入初三之后，我觉得男生们好像是存心和我过不去一样。他们总是在一起研究一些怪里怪气的题，而我当然是参加不进去的。他们的成绩突飞猛进，而我怎么努力也不行。尤其是我们班里有位"大能人"，他总是跟我不相上下，几次月考都考在我前面，而且他在上课回答问题时总是抢在我的前面，声音特别大。也许是声音占优势，我一个女生也不好意思和他争，只好坐在那里干生气。由于连续几次他的成绩都比我好，各科老师好像都很偏爱他，把各种资料都给他看，致使他的成绩直线上升，而我还是老样子，处于考上重点高中的边缘。我好像是被他吓垮了。

　　有时，我常想晚上少睡点觉，多学点，就会超过他。可一到夜里 12 点，两眼就打架，没了精神，上课时那种不服气的劲就跑得无影无踪了，只想上床睡觉。我只有硬撑着，尽量地多学几分钟。但结果还是一样。

　　男生往往用最后一年的努力就会有很好的结果，女生要用几年的时间不停地努力，牺牲自己的业余时间专注于学习，到头来还是不行，老天真是太不公平了。我有时特别抱怨我的父母为什么不把我生成男孩呢？做女生真是太不幸了！

（王砚）

心理点评

　　王砚同学对男生的嫉妒是一种心理上的攻击。而"干生气"同样是一种攻击——一种泛化的心理攻击——泛化到连他们讨论的数学题都讨厌（怪里怪气的）。当嫉妒转化为"干生气"之后，学习就因为过分刻苦而成为一种自我攻击的方式（这种转化是在潜意识中完成的，她本人不可能意识到），学习的快乐也就荡然无存，代替它的是一种纯粹的学习痛苦。正是在痛苦中学习，成为王砚同学学习效率低下的主要原因，并不是性别的原因——性别的原因不过是为自己的困境找到的一个逃避的理由。大量的心理学研究表明：在快乐中学习是提高学习效率的根本途径，而在痛苦中学习不仅使我们的学习效率低下，还严重威胁我们的身心健康。

　　而王砚同学埋怨父母将她生成女孩（哈，生女孩还是生男孩是父母所能决定的吗?）的心理，其实也是一种攻击——是在自我攻击令人难以承受的情况下，攻击能量向父母的转移。

　　也许，过分刻苦的自我攻击的来源并不仅仅是嫉妒，可能还有其他的来源；也许反过来，嫉妒也是过分刻苦的自我攻击能量的转移。不管是什么原因，慢慢地，停止你的攻击——包括攻击自己，也包括攻击同学和父母，充分享受学习和生活（比如享受亲情友情，享受娱乐，享受锻炼等），你的成绩一定会上升，毕竟你有着很好的基础和天赋，况且在当今的教育培养模式和教育考试制度下女生还有一些男生没有的优势呢。

　　如果实在无法停止攻击，寻求心理学专业人士的帮助则是很有必要的，因为你再也不能逃避自己了！

15.谁能拽我走出网络的深渊

2006 年 6 月 20 日　星期二
天气：晴

当下心情：悔恨

心情指数：★★★★★

心情故事：

第一次到网吧上网是在初一的时候，几个同学硬拽着我去的，因为我总觉得网吧里乌烟瘴气，在那里会不舒服也不自在。哪知道，仅仅是去了一次，我就改变了对网吧的看法，总觉得网吧比家好、比学校更好，很放松。没有父母的唠叨，更没有老师的训斥。我感到了一种前所未有的新鲜感。

在网上我最喜欢玩的还是游戏，偶尔也会到 QQ 上找小妹妹聊天，但我是不会和对方见面的。

刚开始，我只是用父母给的零花钱去网吧上网。后来，随着我上网时间越来越长，我的零花钱不够了。我就开始骗父母的钱：什么老师要买资料了，什么老师要我们为贫困学生捐款，还有什么自己的钱不小心丢了等等。总之，只要能想到的招，我都想到了。后来父母也发现了我这个毛病，对我不是打就是骂，但都没有什么作用。因为，我也不想这样，可我管不住自己啊！

后来，到了初三，功课越来越重了。我决定不再去网吧了。可每天放学一经过那里，我的脚就像被一根绳子拽了过去。

每次从网吧出来，我都很后悔，觉得对不起父母，也觉得在毁灭自己，也曾暗下决心再也不去那里了。可坚持一天不上网之后，我就浑身难受，干什么事情都提不起精神，憋得慌啊！

（小罡）

心理点评

网络成瘾（Internet Addiction Disorder：IAD）的概念是 1994 年纽约市的精神医师金伯格（Goldberg）首先提出的。它是指由重复地对于网络的使用所导致的一种慢性或周期性的着迷状态，并带来难以抗拒的再度使用之欲望；同时还会产生想要增加使用时间的张力与耐受性、克制、退瘾等现象，对于上网所带来的快感会一直有心理与生理上的依赖。

2008 年 6 月，我国的上网人数超过 2.53 亿用户，其中 35 岁以下的青年占 80%。

美国心理学年会报告有关研究统计，上网人群中 IAD 的比率为 6%，按照这个标准，我国青年人上网成瘾的数量接近 1 200 万。

下面是网络成瘾自测表（IAD）。怀疑自己有网络依赖倾向的同学可以进行一下自我测试：

1. 你是否对网络过于关注（如下网后还想着它）？

2. 你是否感觉需要不断增加上网时间才能感到满足？

3. 你是否难以减少或控制自己对网络的使用？

4. 你是否对家人或朋友遮掩自己对网络的着迷程度？

5. 你是否将上网作为摆脱烦恼和缓解不良情绪（如紧张、抑郁、无助）的方法？

6. 当你准备下线或停止使用网络的时候，你是否感到烦躁不安，无所适从？

7. 你是否由于上网影响了自己的工作状态或朋友关系？

8. 你是否常常为上网花很多钱？

9. 你上网的时间是否经常比预期的要长？

10. 是否下网时觉得心情不好，一上网就会来劲头？

结论：答一个"是"得一分，看你的总分有多少？

A. 总分 5 分以下：网瘾不大

B. 总分 5 分和 5 分以上：你的网瘾很大

C. 总分 8 分及 8 分以上：则需要找心理医生进行专业诊断是否患了 IAD。

如果确诊患上了 IAD 就应该进行专业的治疗，是不能仅凭自己的意志来克服的。如果网瘾不是很大则可以尝试着进行自我矫正。具体做法如下：

1. 参加一些丰富多彩的文体活动以减轻自己对网吧的依赖；

2. 在戒除网瘾的过程中和爸爸妈妈多交流，让爸爸妈妈监督自己戒除网瘾；

3. 心中一有上网的念头不能消除就拉手腕上的橡皮筋，直到消除上网的念头为止。

16. 帮助弟弟之前首先学会帮助自己

2008 年 4 月 21 日　星期一

天气：晴

当下心情：心痛

心情指数：★★★★★

心情故事：

我的弟弟小时候很可爱，很聪明，简直是完美！我们家在农村，他从小就得到了家里所有人的宠爱。

虽然我这个当姐姐的也很喜欢他，但出于嫉妒，有一次在我本不应该的情况下打了他。那时他四五岁，我十二三岁吧。直到现在我都难以理解，为什么当时我的心会那样狠。

那次，我打得他服了，听我的话了，可他也从此怕了我，看见我伸手就会马上躲闪。虽然我后来再也没有打过他，但是如今的他总是怕事，没有自己的主意。即使有了自己的想法也不敢实施。他越来越不自信，不爱说话了。从小到大他一直很爱我，所以看到他可能是因为我而变成这样，我的心更痛了！

现在他上三年级，学习不是很好，而我的成绩总是比较好。这样一来父母又总是在他面前夸我。我感觉他活在我的阴影里，很不开心。近来，弟弟甚至有沉迷于游戏的倾向。

我不知道该如何面对自己的弟弟。我希望我的弟弟能够开心一点。这样我也就能够开心了。

（小云）

心理点评

你说你的弟弟小时候简直是完美并得到了家里所有人的宠爱。这本身就是家庭教育中的问题：这种教育方式可能让你的弟弟为了表现得乖巧而过分关注别人的评价，从而使其自我意识的成长受到一些不利的影响。因此，他后来的胆小无主见可能就是这种家庭教育方式的结果，与你仅有的一次打弟弟的行为是没有什么关系的。你完全没有必要自责。

你说，你也不知道当时打他为什么那样狠。其实，你当时打弟弟并不是针对弟弟，而是针对父母偏爱弟弟的行为。也许是因为你对父母积累了太多的埋怨，而你又不敢将埋怨施加到父母身上，所以就转移到弟弟身上了。之所以转移到了弟弟身上，而没有转移到诸如小猫小狗之类的弱小动物身上，可能在你的潜意识中会认为是弟弟夺去了家长对你的宠爱吧。

小时候父母过多宠爱弟弟是不对的，而现在又开始打击弟弟的自尊心（总当着他的面夸奖姐姐）则同样是错误的。你的父母由于认识能力的限制可能意识不到这一点，这就需要你和父母多沟通，让父母多鼓励他多信任他。这样弟弟才会慢慢找到自信找到真正的自我！

你说你一直在为弟弟目前的境况而心痛。其实，你的心痛除了对弟弟的同情之

外，还有自己过去因得不到像弟弟一样的宠爱而痛苦的情感延续。看到弟弟失落的样子，也许就激发了你童年的失落感。也就是说，你的心痛有一部分原因是你还不能接纳自己的过去。所以，在帮助弟弟之前要首先学会帮助自己走出童年的阴影。只有这样，你才可能将你的开心传递给你的弟弟！

17. 学会认清情绪的来源

2008 年 3 月 15 日　星期六

天气：雨

当下心情：痛苦

心情指数：★★★★★★

心情故事：

刚开学，学校为了提高学生成绩，把初二年级的同学按成绩大排队，然后就分班了。按说，我应该高兴才对，我被分到 A 班，是数学实验班，而且，我还是班里的前 10 名。可是，自从分班以后，我就没有高兴过，为什么？压力太大了呗！而且可以说我是难过到了极点。

我最害怕老师说——数学班的学生谁也不能掉以轻心，期末考试后还要重新排队，你一不小心就会被别人从这里挤出去。

我还害怕妈妈——妈妈每天都对我千叮咛万嘱咐，内容只有一个，让我好好学习。晚上家里不开电视，怕影响我学习。看着妈妈整天小心翼翼的样子，我真怕成绩滑坡，让妈妈伤心。

其实，我害怕的事情还有很多——好朋友测验的成绩比我高了 5 分；期中考试能不能保住前 10 名；英语最近有点麻烦，单词竟然掌握得不很好；数学班的同学一个个都是学习疯子，自己……我的怕真多呀！开学不到一个月，我的脾气越来越坏，而且常常莫名其妙地发呆。

现在，我整天心烦意乱、坐卧不安，看书写字很难集中精力。昨天晚上，我对着平时最喜欢的数学题，竟然 10 多分钟没看明白。我害怕了，心想，也许是累的，就赶快睡下了，没想到平时不知失眠是什么滋味的我，竟然睁着眼睛一夜没睡着。早上，妈妈和我说了一句不相干的话，我突然就毫无缘故地大哭起来。

我都快崩溃了，难道这就是初二的生活吗？我这是怎么了？

（晓平）

心理点评

你为什么突然就毫无缘故地大哭起来？因为你已经无法再承受哪怕一点点学习压力了。哭，就是在报警啊！

在某些地方，应试教育的遗风还没有得到肃清，因此，学生们在面对来自社会、学校和家庭的考试压力的时候，绝不能照单接受家长老师们的焦虑情绪，而是要能够自己主宰自己的情绪！

把初二年级的同学按成绩大排队，然后再分班考试。这是学校在考试成绩方面的焦虑体现，与素质教育背道而驰，也与公平教育的理念相违背。也许我们无法改变学校的做法，但对于这些不合理的做法，我们至少要有一个清醒的认识，才不至于陷入焦虑的陷阱而不自知。具体来说：就是当同学们在为名次而紧张的时候，你要能在心里对自己说：只要我的知识掌握了，暂时的名次并不重要，因为对眼前名次的过分在意必将影响我将来更好地学习。

还有，来自父母的焦虑，来自同学们的焦虑，我们都需要冷静对待。我们实在无法消除他们的影响，但至少我们可以尽量回避以减少不利的影响。比如可以和父母沟通，要求父母和自己交流时尽量少谈学习多谈生活和人际交往。必须谈学习时也要多谈具体的学习内容，少谈空洞的名次等。

总之，只有认清焦虑情绪的来源并学会避免过多的焦虑情绪之后，你才会真正爱上学习！

18. 中学生"记仇"往往是情商缺乏的表现

2007 年 6 月 6 日　星期三

天气：晴

当下心情： 矛盾

心情故事：

我一直是一个记仇的人。小时候，妈妈说我不够聪明，没有谁谁漂亮，成绩不如这个那个好，还嘲笑我的小伙伴整天和我一样就知道傻玩。从那时候开始，我就变得格外自卑，也不愿意和人交往了。直到高中毕业前的一天，坐了三年的同桌对我说，她从来没见过我这么不相信人又记仇的人。她问我："为什么你一直觉得所有的人都欠你的，而不把自己的真实感受说出来呢？"我无言以对。

仔细想想，我真的是从不知道如何释放自己的情绪。我只知道将它们埋藏在心底，不露声色，然后暗暗在心里较劲。结果，不知道什么时候莫名其妙地打击了别人。现在，记仇已经让我进入了人际关系的死胡同。我希望我变成一个不再记仇的阳光开朗的女孩子。我能不能做到？我不知道。

（维维）

心理点评

首先我要提出疑问的是，小时候，妈妈说你不够聪明，没有谁谁漂亮，成绩不如这个那个好，还嘲笑你的小伙伴整天和你一样就知道傻玩。我想，这些话可能不是一次说出来的——如果一个父母一次性地说出自己孩子这么多的缺点，那不是成心想毁灭自己孩子的自信吗？我觉得，这些话很可能是母亲在不同的场合出于不同的心情用不同的语气说出来的。而你细心地将它们整合在了一起，并且全部加上了嘲笑的语气。因此，我也不大同意你说就是因为这些事情使你变得自卑，有可能是因为你自卑、人际关系紧张，所以你才记住了这些事情。当然，记住这些事情又会令你更自卑，人际关系更加紧张。而自卑与人际关系紧张在一般情况下则是情商缺乏的表现。

情商（EQ）又称情绪智力，是近年来心理学家们提出的与智力和智商相对应的概念。它主要是指人在情绪、情感、意志、耐受挫折等方面的品质。以往认为，一个人能否在一生中取得成就，智力水平是第一重要的，即智商越高，取得成就的可能性就越大。但现在心理学家们普遍认为，情商水平的高低对一个人能否取得成功也有着重大的影响作用，有时其作用甚至要超过智力水平。

美国心理学家丹尼尔·戈尔曼把人的情商概括为五大能力：①认识自身情绪的能力；②管理自己情绪的能力；③自我激励能力；④认识他人情绪的能力；⑤人际关系处理能力。

下面就针对这五大能力进行简要的分析吧！

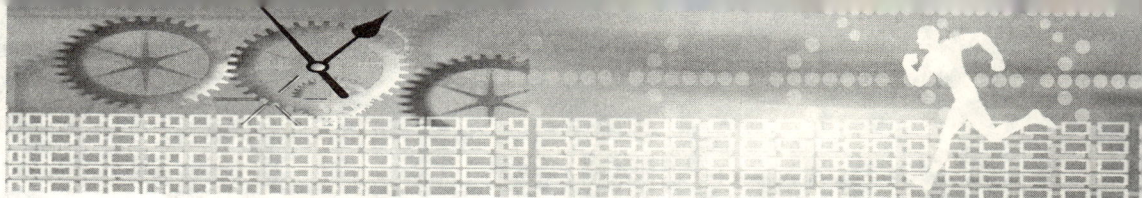

1. 认识自己情绪的能力。比如：同桌无意中说了一句伤害你自尊的话，你很生气。这种情绪反应是很正常的，也是有益的，因为没有这种情绪，我们就很难有效地保护自己的自尊。但如果这种情绪表现得过于强烈或过于持久的话，你就应该及时地反思：这种过于强烈持久的情绪反应是因为自己过于自卑，还是因为自己其他负性情绪长期不能释放而被激发出来了？

2. 管理自己情绪的能力。主要指表达和宣泄情绪。在本书的《学会管理自己的情绪》一文中有论述。在此不赘述。

3. 自我激励能力。自我激励，指面对自己计划实现的目标——比如学习目标，随时进行自我鞭策、自我说服，始终保持高度热忱、专注和自制。如此，使自己有高度的学习效率。自我激励的能力可以说是一个人自我实现的基本保证，而自我实现则是一个人获得稳定情绪状态的前提。

4. 认识他人情绪的能力。认识他人的情绪，指对他人的各种感受，能"设身处地"地、快速地进行直觉判断。了解他人的情绪、性情、动机、欲望等，并能作出适度的反应。在人际交往中，要能从对方的语言及其语调、语气和表情、手势、姿势等来做判断。简言之，就是要常常关注他人说话的情绪，而不是仅仅关注他人"说的是什么"。只有认识了他人的情绪，我们才会恰当地表达自己的情绪，从而实现人与人心灵的交融。当心与心交融以后，还有什么"仇"不能化解？

5. 人际关系处理能力。这种能力的具备，很容易使其与任何人相处都愉悦自在。有了这种能力，偶尔来自他人的嘲笑等负面情绪大多能通过幽默等手段轻易转化为一种调侃或反思。"仇"从何来呢？

只要坚持培养训练自己的情商，人际关系（包括家庭人际关系）就一定能得到改善，而你喜欢"记仇"的心理就一定会消失！

附录
后记 《自己与别人》

　　写完这本书，我总觉得还有一些话意犹未尽，但又不知道是什么话。在某个黄昏，一个人独自在竹皮河边漫步。忽然，我又想到了那极具哲理的四句话：把自己当别人，把自己当自己，把别人当别人，把别人当自己。这四句话是在我的一个极有灵气的特别勤奋和美丽的但在遭遇了车祸后下肢瘫痪的一个叫冯雅姗的学生的日记中看到了。看到之后，我就记住了，并根据自己的理解反复地讲给我的学生们听。还曾经在我当班主任期间将这四句话做成条幅在教室里挂了整整一年。可惜，一年后换教室，就被学校的后勤人员给撕掉了。

　　这四句话是冯雅姗同学送给我的最好的礼物，只是可能她一直不知道她无意中送给我这么厚重的礼物。在轮椅中度过青春的冯雅姗现在已经是全国顶尖学府的高才生了（2006 年，我从当地的报纸上看到了她达到清华北大分数线的消息），但不知道她是否也曾想起过她无意中送给我的这份厚物。更不知道她是否记得我曾经对她说过：如果将她写的每一篇日记保留下来，一定可以汇编成一本像亚米契斯的《爱的教育》一样打动人激励人的书。如果冯雅姗同学能够看到这本书，希望她能明白我当初的心愿。而我现在更大的心愿却只是希望她永远生活在幸福之中。其实，我们每一个人都是一本书，出不出书，又有什么关系？

　　是的，每一个人都是一本书！

　　当我们将自己当作一本书来欣赏、来审视的时候，这不就是"把自己当别人"了吗？我们跳出了自我的小圈子，像面对一件艺术品一样地欣赏，或者用客观冷静的态度分析自己的得失。高兴的时候，我们仿佛在为另一个人高兴；而悲伤的时候，我们也仿佛在为另一个人而悲伤。这是不是就是范仲淹所说的"不以物喜，不以己悲"？

　　但无论我是值得万人注目和欣赏的艺术品，还是一件极其普通的日用品，我都是我，一个独特的我。我自有我的价值！我相信我自己！我悦纳我自己！我相信我能够超越我自己！我不在乎我能否超越别人！这不就是"把自己当自己"吗？

　　别人无论是在我的前面，还是在我的后面，无论是和我一样地对待生活，还是和我完全不一样地生活着，都是宇宙间最生动美丽的风景，都是值得我尊重的。这不就是"把别人当别人"吗？

　　尊重别人的同时，我们还要能够"把别人当自己"，即能够很好地理解别人，能

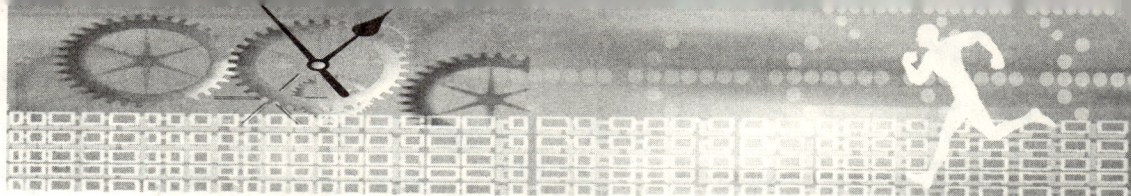

够准确地感受别人的痛苦和欢乐。这在心理学上就叫同理心。就像一首歌所唱的那样："快乐着你的快乐，痛苦着你的痛苦"。"把别人当自己"，还意味着我们要从一个更高的层次看待别人的失败和成功。其实，别人的成功，并不仅仅代表着他个人的骄傲，而是代表着整个国家的荣耀，甚至代表着整个人类。而每一个人的失败或者逝去，也是整个国家甚至整个人类的悲哀或损失。海明威说：任何人都不是一个孤独的岛屿，而是一片紧紧相连的大陆，也不过是在告诉我们一个"把别人当自己"的道理。

"把别人当自己"——不仅是为了更好地理解别人，更是为了准确地理解我们整个人类；而"把别人当别人"——则是为了更好地尊重别人；而尊重别人理解别人的目的则是为了"把自己当自己"——悦纳自己；而最终又是为了"把自己当别人"——达到一种宠辱皆忘的境界！看起来如文字游戏一般的四句话，竟然是包含着如此严谨周密的哲理！同时也向我们传达着维护心理健康的真谛！

在此，将以上四句话献给看过此书的朋友。虽然没有人能够完全做到这四句话，但至少，有了这四句话，我们的心灵就有了方向。

以此和朋友们共勉。

肖 军
2009 年 3 月